L'ART
DE CONNAITRE LES HOMMES
PAR
LA PHYSIONOMIE.

T. V.

DE L'IMPRIMERIE DE L.-T. CELLOT.

L'ART
DE CONNAITRE LES HOMMES
PAR
LA PHYSIONOMIE,

PAR GASPARD LAVATER.

Nouvelle édition, corrigée et disposée dans un ordre plus méthodique; précédée d'une Notice historique sur l'Auteur; augmentée d'une Exposition des recherches ou des opinions de La Chambre, de Porta, de Camper, de Gall, sur la physionomie; d'une Histoire anatomique et physiologique de la face, etc.; par M. MOREAU (de la Sarthe), Professeur à la Faculté de médecine de Paris;

Ornée de plus de 600 gravures, dont 82 coloriées et exécutées sous l'inspection de M. Vincent, peintre, membre de l'Institut.

PARIS,
DEPÉLAFOL, Libraire, rue des Grands-Augustins, N° 21.

1820.

L'ART

DE CONNAITRE LES HOMMES

PAR

LA PHYSIONOMIE.

SUITE DES ÉTUDES DE LA PHYSIONOMIE.

IIIme ÉTUDE.

DE L'ART DE VOIR ET D'OBSERVER LES PHYSIONOMIES.

I.

CONSEILS ADRESSÉS AUX PERSONNES QUI VEULENT SE LIVRER AUX ÉTUDES DE LA PHYSIONOMIE.

AFIN que la science des physionomies puisse arriver au degré de perfection dont elle est susceptible, il est nécessaire de savoir comment il faut l'étudier. L'ignorance n'est peut-être nulle part aussi pernicieuse qu'en physiognomonie ; elle nuit également à celui qui juge et à celui qui est jugé. Un seul jugement faux est capable de produire les plus grands maux ; que sera-ce donc d'un principe erroné qui sera la source de mille faux jugemens ? que sera-ce de toute une méthode mal entendue qui établit de fausses règles ? Je n'ai point voulu donner des réflexions hasardées sur un sujet d'une si haute importance ; et c'est la raison pour laquelle j'ai différé si long-temps à le traiter.

J'espère qu'on me saura gré de ma circonspection. S'il est du devoir de l'auteur de mettre l'exactitude la plus scrupuleuse jusque dans les moindres observations dont il rend compte au public, combien plus doit-il être sur ses gardes lorsqu'il s'agit d'enseigner l'art même de faire ces observations ! La physiognomonie est peut-être de toutes les sciences celle qui fournit le plus d'exercice à la raison. L'erreur y est d'autant plus à craindre qu'elle y est plus facile, et que les suites n'en sont jamais indifférentes. On ne saurait trop avertir le physionomiste des routes qui pourraient l'égarer. On ne saurait trop lui recommander de répéter et de varier ses observations ; mais on doit éloigner tout esprit faux de l'étude dont nous parlons.

Un physionomiste sans vocation, c'est-à-dire, qui manque de tact et de jugement, qui n'a ni étude, ni logique, qui ne se donne pas la peine d'observer et de comparer, qui n'est pas fidèle à la vérité, qui ne prend pas à cœur le bien de l'humanité ; un physionomiste bel esprit, disputeur, décisif ou superficiel, quel horrible fléau pour la société ! Je dis un physionomiste qui manque de jugement, et qui n'est pas fidèle à la vérité ;

et j'insiste fortement là-dessus. En effet, quoique le tact physiognomonique soit le premier et le principal attribut du physionomiste ; quoiqu'il soit sa lumière et son guide, et que sans lui les règles et les préceptes lui seraient aussi inutiles qu'un télescope l'est à un aveugle, ce tact ne suffit pas seul. Le physionomiste a encore besoin de jugement; il doit réfléchir, analyser, comparer et enchaîner ses observations. Le génie physiognomonique le plus transcendant sera souvent en danger de se tromper lui-même et d'égarer ceux qui l'écouteront, s'il est dépourvu de sens, s'il manque de règles, de pratique, de dessin. Confus dans ses idées, il sera hors d'état de les communiquer aux autres. Avant de recommander ou de permettre à qui que ce soit l'étude de notre science, je voudrais donc m'assurer d'abord que le sujet qui se présente a du tact et du jugement, qu'il sait dessiner, ou du moins qu'il a jusqu'à un certain point le talent et l'habitude du dessin. Il a besoin du tact physiognomonique pour apercevoir et pour saisir les caractères de la nature; il lui faut du jugement pour rédiger avec ordre les observations qu'il aura faites, pour les généraliser et les indiquer par des signes abstraits. Enfin il doit savoir le dessin pour représenter les caractères et pour les déterminer avec exactitude. Sans ces qualités il est impossible de faire jamais des progrès en physiognomonie. Je tremble souvent à l'idée que des gens sans capacité se livreront trop légèrement à une science si difficile, quand on veut la traiter avec précision et méthode, et contribueront par-là à la décréditer. Qu'on ne m'impute point le mal qui résultera de leur témérité ; je fais ce que je puis pour le prévenir. Lecteurs, réunissez vos efforts aux miens. Ecartons autant qu'il est possible tous ceux qui n'étant pas dignes d'entrer dans le sanctuaire de la physiognomonie, cherchent cependant à y pénétrer. Avec un certain tact, avec du jugement et de la disposition au dessin, rien n'est plus aisé sans doute que d'acquérir une connaissance superficielle dans notre science. Je conviens encore que tout homme a reçu une certaine mesure de tact physiognomonique ; mais il ne suit pas de là qu'il ait autant de ce tact qu'il en faut avoir, ou qu'il ait en même temps assez de jugement et de capacité pour faire des observations et les exprimer avec exactitude ; ou, pour dire la chose en d'autres termes, pour faire de la physiognomonie une étude particulière.

Je ne répéterai pas ce qui a été dit dans le premier volume du caractère du physionomiste, et des difficultés que lui offre la science qu'il cultive ; je me hâte d'établir quelques préceptes que je regarde, à la vérité, comme très-insuffisans encore, mais qui, d'après mon expérience, me paraissent propres à faciliter l'étude de la physiognomonie.

Jeune homme, dirais-je à celui qui demanderait mes conseils, si vous vous sentez appelé à cette étude ; si vous êtes différemment affecté par des physionomies différentes ; si, dès le premier abord, vous êtes fortement attiré par les unes, et fortement repoussé par les autres ; si vous vous intéressez vivement à la connaissance du cœur de l'homme ; si vous êtes accoutumé à mettre de la précision et de la clarté dans vos idées, venez et entrez dans la carrière.

Je dois vous apprendre d'abord en quoi consiste l'étude de la physiognomonie.

Elle consiste à exercer le tact et le jugement; à mettre dans un vrai jour les observations qu'on aura faites; à dénoter chaque aperçu, à le caractériser et à le représenter.

Elle consiste à rechercher, à fixer et à classer les signes extérieurs des facultés intérieures; à découvrir les causes de certains effets par les traits et les mouvemens de la physionomie; à bien connaître et à savoir distinguer les caractères de l'esprit et du cœur qui conviennent ou qui répugnent à telle forme ou à tels traits du visage.

Elle consiste à trouver des signes généraux, apparens et communicables pour les facultés de l'esprit, ou pour les facultés internes en général pour faire de ces signes une application facile et sûre.

Voilà, dirais-je à mon novice, voilà votre tâche: la trouvez-vous trop forte, abandonnez une science pour laquelle vous n'êtes point propre; car prétendre l'acquérir à moindres frais, c'est vouloir une chose impossible.

Semblable à l'architecte qui, avant de bâtir, trace le plan de l'édifice qu'il veut élever, calcule ensuite la dépense qu'exige son exécution, et la compare avec le fonds qui lui est assigné, le physionomiste doit pareillement consulter ses facultés et son zèle; il doit se dire à lui-même: « Ai-je assez de courage et de capacité pour conduire heureusement l'entreprise dont je vais me charger? »

Si les difficultés ne le rebutent point; s'il s'est assuré de les vaincre par le sentiment qu'il a de son énergie et de ses forces; si sa physionomie m'atteste ce sentiment; si je crois sur-tout y lire la preuve de ses talens, je lui continuerai volontiers mes soins, et voici le précis des leçons que je lui donnerai :

D'abord, examinez avec soin ce qui est commun à tous les individus de l'espèce humaine; ce qui distingue universellement l'organisation de notre corps de toute autre organisation animale ou végétale. Cette différence une fois bien établie, vous en sentirez davantage la dignité de notre nature, vous l'étudierez avec plus de respect, et vous en saisirez mieux les caractères.

Après cela, étudiez séparément chaque partie et chaque membre du corps humain; les liaisons, les rapports et les proportions qu'ils ont entre eux. Consultez là-dessus tels auteurs que vous voudrez, Albert Durer ou l'Encyclopédie; mais ne vous en fiez pas trop aux livres; voyez par vous-même, mesurez vous-même. Commencez par dessiner seul, répétez ensuite vos opérations en présence d'un observateur exact et intelligent; qu'il les vérifie sous vos yeux, et qu'il les fasse revoir en votre absence par un juge impartial.

En mesurant le rapport des parties du corps, observez une distinction essentielle qui a échappé jusqu'ici aux experts (quoiqu'elle soit en quelque sorte la clef de la physiognomonie), et dont l'oubli a donné lieu à mille fautes de dessin, à mille faux jugemens sur les œuvres de Dieu, toujours régulières, malgré leurs irrégularités apparentes. Distinguez, dis-je, les proportions des lignes droites d'avec les proportions des courbes. Si les rapports des parties du visage et des membres du corps répondent à des lignes droites ou perpendiculaires, on peut en attendre, dans un degré éminent, un beau visage, un corps bien fait, un esprit judicieux, un caractère noble, ferme et énergique. Ce n'est pas cependant qu'on ne puisse être doué de tous ces avantages lorsque les parties du corps s'écartent en apparence de cette symétrie, pourvu que celle-ci se retrouve dans les rapports bien gardés des lignes courbes; seulement je remarquerai que les proportions des lignes droites sont par elles-mêmes plus favorables et moins sujettes à s'altérer que les autres.

Lorsque vous aurez acquis une connaissance générale des parties du corps, de leurs liaisons et de leurs rapports; lorsque vous les connaîtrez assez pour apercevoir et pour expliquer dans un dessin le trop ou le trop peu, les écarts, les transpositions, les dérangemens; lorsque vous serez bien sûr de votre coup-d'œil et de votre discernement, alors seulement vous passerez à l'étude des caractères particuliers.

Commencez par des visages dont la forme et le caractère ont quelque chose de bien marqué; par des personnes dont le caractère vous offre du moins un côté positif et non équivoque : prenez, par exemple, ou un penseur très-profond, ou un imbécile-né; un homme délicat, sensible, facile à émouvoir, ou bien un homme obstiné, dur, froid et insensible.

Ce caractère individuel, vous l'étudierez premièrement comme si vous n'aviez que lui seul à étudier. Observez votre sujet dans l'ensemble et dans les parties séparées ; décrivez-vous à vous-même, en termes exprès, sa forme et ses traits, tout comme si vous deviez dicter son portrait à un peintre. Si la chose est possible, demandez à l'original des séances pour votre description, comme s'il était question de le copier le crayon à la main. Dessinez-le ainsi en parole d'après nature. Observez d'abord la stature ; puis vous examinerez les proportions, c'est-à-dire, les proportions apparentes, telles qu'elles peuvent être mesurées par des lignes perpendiculaires et horizontales ; enfin, vous déterminerez successivement le front, le nez, la bouche, le menton, et en particulier l'œil, sa forme, sa couleur, sa situation, sa grandeur, sa cavité, etc.

Lorsque votre description sera achevée, relisez-la attentivement, et confrontez-la mot pour mot avec l'original. Demandez-vous positivement : N'ai-je rien oublié ? n'ai-je rien ajouté ? et les traits que j'ai saisis sont-ils exprimés avec assez de vérité et de précision ? Sur cette description vous dessinerez ensuite le portrait de la personne en son absence : vous l'avez mal décrite, vous l'avez mal observée, ou du moins vous ne l'avez pas observée en physionomiste, si votre esquisse ne rend pas le caractère principal de l'original. Pour vous en faciliter les moyens et vous assurer du succès, habituez-vous à saisir promptement et à vous bien imprimer les traits essentiels de la physionomie que vous voudrez étudier.

Voici comment je m'y prends. J'examine d'abord le visage en face. La forme est le premier objet qui fixe mon attention : je considère si elle est ronde, ovale, carrée, triangulaire, ou à laquelle de ces figures principales elle répond le mieux. Je les ajoute ici pour expliquer d'autant plus clairement mon idée.

Il est peu de visages qui n'aient quelque ressemblance avec l'une ou l'autre de ces figures, ou qui ne puissent y être ajustés aisément. La forme du visage trouvée, je cherche celle du profil, et je la rapporte à l'une des moitiés de mes quatre figures. Après cela je fixe la longueur perpendiculaire des trois sections ordinaires, du front, du nez et du menton. J'observe leurs différences perpendiculaires et le rapport de leur situation. L'opération devient aisée, si je tire une ligne en idée depuis le point le plus enfoncé de la racine du nez jusqu'au point le plus avancé de la lèvre de dessus; moyennant quoi je puis comprendre ces rapports dans trois classes générales : une pour les formes perpendiculaires, une pour celles qui avancent par le haut, et une pour celles qui rentrent par le haut. A moins d'adopter ces points fixes et faciles à trouver; à moins de se les représenter comme la base de la physionomie, il est absolument impossible de reproduire d'imagination la véritable forme de la tête avec une exactitude physiognomonique. Je recommanderai aussi cette méthode à nos jeunes peintres en portraits : ils doivent s'y assujettir nécessairement s'ils veulent parvenir à dessiner la forme du visage correctement et d'après les règles de la physiognomonie.

Ces deux points une fois imprimés dans ma mémoire, je parcours séparément le front, les sourcils, l'entre-deux des yeux, le passage du front au nez et le nez même. Je fais une attention particulière à l'angle caractéristique que forme le bout du nez avec la lèvre de dessus, s'il est rectangle, obtus ou aigu; et je retiens lequel de ses côtés l'emporte en longueur, si c'est le haut ou le bas. La bouche, vue de profil, n'admet aussi que trois formes principales : ou bien la lèvre de dessus déborde celle d'en bas; ou bien elles sont placées toutes deux en lignes perpendiculaires; ou bien c'est la lèvre de dessous qui avance. Je fais les mêmes distinctions pour mesurer et pour classer les mentons : ils seront ou perpendiculaires, ou saillans, ou rentrans. Le dessous du menton décrira une ligne horizontale; il sortira de cette direction, soit en remontant, soit en descendant. Je m'arrête encore soigneusement à la courbure de l'os de la mâchoire, qui est souvent de la plus grande signification (1). Quant à l'œil, je

(1) Quelqu'un qui n'est point accoutumé à faire des observa-

mesure d'abord sa distance de la racine du nez ; puis j'observe sa grandeur, sa couleur, et enfin le contour des deux paupières. C'est ainsi qu'en très-peu de temps je parviens à étudier un visage, et à l'apprendre pour ainsi dire par cœur, comme j'apprendrais un morceau de poésie. Je jette d'abord un coup-d'œil sur l'ensemble ; je parcours les divisions principales ; je m'imprime l'ordre des périodes ; ensuite je récite à livre

tions aura de la peine à concevoir que d'après l'indice d'un seul os on puisse porter un jugement prompt et sûr des qualités internes. Je remarquerai à cette occasion (et il serait aisé d'appliquer ma thèse à tous les os du corps humain, sans avoir égard à la peau et aux chairs qui les couvrent), je remarquerai, dis-je, qu'un physionomiste habile pourrait, les yeux bandés et au simple attouchement de l'os de la mâchoire, deviner en grande partie un caractère qui aurait échappé jusqu'à ce moment à toutes ses recherches. Souvent, en étudiant des sujets dont les facultés extraordinaires m'étaient connues, ce seul os vu en profil m'a fourni des indices plus sûrs et plus positifs que tous les autres traits du visage. Je conseillerais donc aux peintres et aux dessinateurs de faire tomber le jour sur leurs profils, de manière que cette partie acquière tout le relief possible. J'ai vu nombre de portraits (et je le soutiendrai même de ceux dont les originaux m'étaient inconnus) où elle était honteusement négligée. Jeunes artistes, qui êtes appelés par état et par goût à représenter le plus beau chef-d'œuvre de la création, le visage de l'homme ; qui êtes chargés de nous conserver l'image des objets de notre tendresse, recevez d'un homme qui n'a point été initié aux secrets de votre art, un avis qui pourra tourner à l'honneur de la créature et du créateur. Que l'œuvre de Dieu ne soit point altérée et défigurée entre vos mains par un effet de votre paresse, de votre inattention et de votre ignorance !

fermé; et, lorsque je me vois arrêté, je consulte encore une fois le texte. Telle est la méthode qu'il faut suivre pour bien retenir les traits du visage. C'est le seul moyen de s'exercer dans l'art d'observer, et d'y acquérir cette espèce de supériorité que demande la science des physionomies.

Après avoir étudié ainsi à fond un visage caractéristique, examinez plusieurs jours de suite toutes les physionomies que vous rencontrerez, et cherchez-en une qui vous offre des ressemblances frappantes avec le sujet dont vous vous êtes occupé. Pour mieux découvrir ces rapports, attachez-vous d'abord uniquement au front; s'il ressemble, comptez aussi sur la ressemblance des autres traits. Le grand secret des recherches du physionomiste, c'est de simplifier, d'abstraire et d'isoler les traits principaux et fondamentaux qu'il lui importe de connaître.

Dès que vous aurez trouvé un tel front, et par conséquent, d'après nos principes, un tel visage ressemblant, mettez-vous aussitôt à l'étudier à son tour; tâchez de rapprocher ce qui manque encore pour une entière analogie; approfondissez le caractère de ce nouveau personnage, et sur-tout le côté saillant que vous avez reconnu au précédent. Si la ressemblance de leurs traits est bien marquée, bien décidée, vous ne tarderez pas, j'en suis sûr, à découvrir le signe physiognomonique de leur conformité d'esprit. Je rétracterai ce que j'avance, quand vous m'aurez produit deux individus qui, avec les mêmes ressemblances extérieures, n'auront pas la même tournure de caractère. Dans ce cas, qui n'est pas trop aisé à prévoir, ou plutôt qui n'existera jamais, dans ce cas seul, je conviendrai que le rapport physionomique de ces personnes n'est pas le signe distinct de la qualité intellectuelle qui les rend remarquables.

Pour être encore plus sûr de votre fait, épiez le moment décisif où ce caractère prédominant est mis en activité. Observez alors la ligne qui naît du mouvement des muscles, et comparez-la dans les deux visages. Ces lignes sont-elles encore pareilles, la conformité d'esprit ne saurait plus être un problème.

Si vous découvrez après cela un trait tout-à-fait singulier dans la physionomie d'un homme extraordinaire, et que le même trait reparaisse une seconde fois sur le visage d'un homme distingué, sans que vous puissiez le trouver ailleurs, ce trait fondamental deviendra un signe positif du caractère, et vous y fera apercevoir une infinité de nuances qui peut-être vous seraient échappées.

Éclaircissons cette idée par un exemple. M. de Haller était certainement, à plusieurs égards, un homme extraordinaire. Parmi d'autres traits de physionomie qui lui étaient communs avec une multitude de gens éclairés, j'ai trouvé chez lui, au-dessous de la paupière inférieure, un trait particulier, un contour, un muscle, que je n'ai vu encore à personne, de la même forme et de la même précision. J'ignore jusqu'ici la signification de ce trait ; mais je le cherche soigneusement de tous côtés. Si je le rencontre dans quelque individu, j'examinerai cet individu de près, et je verrai bientôt, en le mettant sur des matières qui étaient du ressort de M. de Haller, s'il a la même espèce de génie qui distinguait cet illustre savant, ou jusqu'à quel point il en approche. Je suis certain, d'après mon expérience, qu'en découvrant encore deux visages avec le même trait, j'aurai deviné une nouvelle lettre de l'alphabet physiognomonique. Il se peut au reste que M. de Haller ait eu des faiblesses dont ce trait fût le signe distinctif, et par conséquent il est très-possible que je l'aperçoive tôt ou tard dans un homme ordinaire, qui, sans avoir aucune des qualités éminentes de M. de Haller, ne lui ressemble que par son côté faible. Le contraire paraît cependant plus probable; mais, sans vouloir me prévenir ni pour l'un ni pour l'autre sentiment, je suspendrai mon jugement jusqu'à ce que le fait soit décidé.

L'une de nos premières règles sera donc de commencer par les caractères les plus extraordinaires. Étudiez avant toute chose les caractères extrêmes, les extrémités les plus éloignées des caractères opposés. D'un côté, les traits d'une bonté excessive, de l'autre, ceux d'une noire méchanceté; un poète plein d'imagination et de chaleur, ou un esprit apathique que rien ne saurait émouvoir; un imbécile-né, ou un homme à grands talens.

Visitez pour cet effet les hôpitaux des fous. Choisissez-y des sujets complétement égarés; dessinez la forme et les traits de leurs visages; premièrement les traits qui leur sont communs à tous, puis ceux qui distinguent chacun en particulier. L'étude de l'individu vous conduira à des règles générales dont l'application deviendra très-aisée. Dessinez, dis-je, décrivez exactement. Étudiez chaque partie séparément; considérez-la ensuite dans sa liaison et dans ses rapports. Demandez-vous où est le siége, où sont les marques caractéristiques de la folie? Détachez chaque trait; distinguez ceux qui sont positifs, et rétablissez-les dans le système musculaire pour en observer les connexions et les nuances.

Transportez-vous après cela dans une société de gens sensés, qui pensent et qui réfléchissent sainement : là vous recommencerez vos opérations, et vous suivrez la même méthode que je viens d'indiquer.

Si vous manquez de temps, d'occasion et de facilité pour embrasser dans votre plan toutes les parties d'un visage, attachez-vous de préférence à deux lignes essentielles, qui vous dédommageront en quelque sorte du reste, et qui vous donneront la clef de tout le caractère de la physionomie : je parle de la fente de la bouche et de la ligne que la paupière supérieure décrit sur la prunelle. Les entendre à fond, c'est avoir l'explication de tout le visage. Je soutiens hardiment qu'à l'aide de ces deux linéamens, il est possible et même aisé de déchiffrer les facultés intellectuelles et morales d'un individu quelconque. La chose est aisée, je ne dis pas pour moi, mais pour celui qui apporte à cette étude plus de loisir et de talens que je n'en ai. Du moins est-il sûr que tous les visages dont je crois reconnaître le caractère, je les ai étudiés par ces deux traits. Il est vrai encore que nos meilleurs peintres n'y font pas assez d'attention. Cependant tout le mérite de la ressemblance dépend de ces deux linéamens, et presque toujours ils sont plus maniérés que les autres. A la façon dont le peintre rendra ces deux traits, vous reconnaîtrez s'il est physionomiste ou non.

Mais ces linéamens dont nous parlons sont si mobiles, et leurs inflexions si délicates, qu'il faut une pratique des plus exercées pour les bien saisir. Par cette raison, je me contente souvent de les observer dans le profil, qui les fait mieux ressortir, sur-tout la ligne de l'œil. Si cet expédient ne suffit pas encore, j'y ajoute, autant que possible, le passage du front au nez et celui du nez à la bouche. Ces deux parties m'offrant des points fixes et presque invariables, je les dessine exactement en idée, pour les reproduire ensuite de même sur le papier.

Examinez et comparez avec soin ces traits; pris deux à deux, vous verrez qu'ils ont entre eux le plus parfait rapport, au point que l'un est toujours supposé et en quelque sorte amené par l'autre, et qu'il n'est pas difficile d'indiquer le second dès que le premier est exactement déterminé. Pour acquérir cette habitude si essentielle, il faut s'astreindre, pendant un certain temps, à ne dessiner autre chose que le même contour de la paupière supérieure et la même ligne de la bouche. Servez-vous pour cet effet de petites cartes, et répétez toujours le même dessin deux fois sur chacune; vous en aurez d'autant plus de facilité à transposer, à ranger et à classer vos lignes. Les deux autres traits dont nous avons parlé seront bientôt trouvés par le moyen des silhouettes : il faudra donc aussi les détacher séparément, les dessiner sur des cartes, et leur chercher, s'il est possible, des rapports mathématiques.

Mais, dirai-je encore à mon disciple, ces traits caractéristiques dont une observation reitérée vous a démontré la certitude, ces traits ne sont pas les seuls qu'il faut étudier, décrire, dessiner, détacher et comparer; les autres doivent être médités avec la même attention, et il n'est pas une seule partie du visage qu'il vous soit permis de négliger ; elles retracent chacune le caractère entier de l'homme, tout comme la moindre des œuvres de Dieu nous offre le caractère de la divinité. Dédaigner une seule partie du visage, c'est le dédaigner en entier. Celui qui a fait l'œil pour la vue, a formé aussi l'oreille pour l'ouïe, et ses ouvrages ne sont pas des pièces rapportées : vérité que je ne saurais répéter assez souvent, que je ne saurais imprimer assez profondément dans le cœur de mes lecteurs. Tel œil suppose telle oreille, tel front, tel poil de la barbe. Chaque particule conserve la nature et le caractère du tout, et nous indique la vérité, que l'ensemble rend palpable (1). C'est un concert où tous les sons se réunissent, où chaque note doit être observée, où chaque demi-ton est calculé. Souvent, dans un auteur, tel passage sur lequel nous avions glissé d'abord nous sert ensuite à commenter les endroits les plus difficiles ; pareillement aussi un trait accessoire du visage, que

(1) Nulla enim corporis pars est, quamlibet minuta et exilis, quantumvis abjecta et ignobilis, quæ non aliquod argumentum insitæ naturæ, et quò animus inclinet, exhibeat. LOMNIUS.

nous avions regardé comme indifférent, devient la clef de toute la physionomie, et nous aide à expliquer les traits principaux.

Vous n'êtes pas digne d'étudier le visage de l'homme, et vous en êtes incapable, si vous en négligez une seule petite partie à dessein.

Mais, ajouterai-je, peut-être vous sentez-vous un tact particulier pour tel trait ou pour telle partie du visage. Certains traits, comme certains talens, nous affectent quelquefois de préférence, et, dans ce cas, il est assez naturel de suivre son penchant. Examinez bien alors quelle est la partie qui vous convient le plus; étudiez-la spécialement, comme si vous n'aviez qu'elle seule à étudier, comme si tout le caractère était concentré dans ce trait unique.

Pour être physionomiste, il faut faire une étude particulière des silhouettes; sans elles, plus de physiognomonie. C'est par les silhouettes que le physionomiste exercera et perfectionnera son tact. S'il entend ce langage, il aura l'intelligence de tout le visage de l'homme; il y lira comme dans un livre ouvert. Tâchons de lui en indiquer les moyens.

D'abord, qu'il apprenne à faire lui-même des silhouettes; cette opération formera son coup-d'œil; elle l'habituera à résoudre promptement chaque physionomie, et à trouver les contours caractéristiques du visage. Mais sur-tout qu'il s'applique à rendre ces contours dans toute leur netteté et dans toute leur précision. Parmi le nombre infini de silhouettes qui ont passé par mes mains, il en est bien peu que je puisse appeler physionomiques. Comme tout dépend de la ligne extérieure ; que l'ombre, réfléchie sur le papier, est presque toujours affaiblie, et qu'il est si difficile de la reproduire avec assez de justesse et de vérité, je recommanderai au physionomiste de faire usage du microscope solaire, et je lui rappellerai que la tête qu'il veut dessiner doit être approchée du mur autant que possible, mais dans une attitude parfaitement libre et dégagée. Pour cet effet, on peut se servir d'une planche échancrée par le bas, qui appuie sur l'épaule, et qui repose sur quatre pieds de quatre ou cinq pouces de hauteur. On couvre la planche d'une feuille de papier bien unie et bien tendue, qui suit l'échancrure du bois et qu'on colle avec de la cire. Une méthode encore plus commode est celle du *siége* que j'ai ci-devant décrit. Moyennant cet appareil, l'ombre vient se réfléchir sur une glace polie, qui est également échancrée par le bas, et derrière laquelle on attache un papier huilé. On dessine subtilement la silhouette ; et, après l'avoir détachée du cadre, on repasse le trait, qui, dans la première position perpendiculaire, n'a pu être prononcé assez fortement ni assez hardiment ; cela fait, on réduit la silhouette en petit, en évitant avec soin d'émousser, soit les pointes, soit les angles ; on noircit l'une de ces copies réduites, et on conserve une seconde en blanc pour mesurer l'espace intérieur.

Suspendez ensuite la grande silhouette perpendiculairement, et dessinez-la à la main jusqu'à ce que vous ayez attrapé la ressemblance du profil réduit.

L'étudiant en physiognomonie ne doit pas laisser

échapper une seule occasion de s'exercer dans l'art d'observer et dans celui du dessin. On ne saurait s'imaginer, et il n'y a que l'expérience qui puisse en convaincre, combien on gagne à dessiner et à comparer : on apprend par-là que le moindre écart peut altérer toute l'expression du caractère.

Accoutumez-vous à commenter chaque silhouette, et notez en termes précis ce que vous savez positivement du caractère de l'original.

Lorsque vous aurez rassemblé un certain nombre de silhouettes exactement dessinées, et dont le caractère vous est connu, il s'agira de les classer; mais gardez-vous bien, dans le commencement, d'associer celles qui semblent annoncer le même caractère intellectuel ou moral! car, en premier lieu, quelque exacte que soit une description caractéristique, elle sera toujours vague si elle n'est pas déduite des règles de la physiognomonie; et, en second lieu, il y a une infinité de qualités intellectuelles et morales que nous comprenons sous des dénominations générales, tandis qu'en effet elles diffèrent prodigieusement, et supposent par conséquent aussi une dissemblance marquée dans les traits. Il ne faut donc pas commencer par rapporter les silhouettes à la classe des titres qui pourraient convenir à leurs originaux. Ce serait une erreur, par exemple, de ranger sous la classe du génie les profils de deux hommes reconnus l'un et l'autre pour des hommes de génie, et de vouloir établir des points de ressemblance entre leurs silhouettes : il se peut, au contraire, que celles-ci n'aient pas le moindre rapport, ou même qu'elles soient totalement opposées.

Mais comment classer les silhouettes? C'est d'après leur ressemblance, et premièrement d'après la ressemblance des fronts. Voilà, dirais-je, deux fronts dont les rapports sont frappans; examinons aussi en quoi consiste la conformité d'esprit. Ce front-ci se retire et se courbe de telle manière, il peut être compris sous un tel angle. Cet autre approche beaucoup de cette forme; voyons si la conformité d'esprit se trouve dans le même rapport. Pour plus de certitude, il faut mesurer la grande silhouette avec le transporteur. Prenez pour base le rapport de la hauteur depuis le sommet de la tête jusqu'à la ligne qui la couronne en passant par la racine du nez et les sourcils. Observateurs, pour qui l'étude de l'homme est un objet sérieux, c'est par cette voie que vous parviendrez au but de vos recherches. Vous trouverez que la conformité des contours suppose aussi des facultés intellectuelles. Vous trouverez que, généralement parlant, la même espèce de front indique aussi une même façon de voir et de sentir. Vous trouverez que comme chaque contrée du globe a sa latitude et une température qui y est analogue, chaque visage aussi et chaque front ont leur hauteur donnée, et des modifications qui y sont proportionnées. On pourra aisément simplifier ces observations en composant un alphabet particulier pour les silhouettes des fronts, de manière qu'à la première vue un front quelconque puisse être indiqué par sa lettre, par le nom de sa classe, par son nom générique ou spécifique. Je m'occupe effectivement d'une pareille table, qui comprendra toutes les formes de front réelles et possibles, et qui sera insérée dans mon traité des lignes physionomiques ; mais je conseille à chaque physionomiste d'en composer une pour son propre usage. Toutes ces tables doivent s'accorder ensemble, puisqu'elles sont fondées sur des figures mathématiques qui ne varient jamais.

Examinez aussi avec une attention particulière quels sont les caractères que la silhouette fait ressortir le plus ; quels sont ceux qui y paraissent le moins ; vous ne tarderez pas à vous convaincre qu'elle rend beaucoup mieux les caractères actifs que les caractères purement sensibles et passifs.

Exercez-vous aussi à dessiner des profils en forme de silhouette à la main et d'après nature. Ajoutez-y l'œil, la bouche et les traits de mémoire. Transformez le profil en face, et réduisez celle-ci de nouveau en profil.

Découpez les profils de fantaisie, et tâchez d'en abstraire des lignes et des traits dont la signification soit positive. Simplifiez chacun de ces traits autant que possible : dessinez-les exactement et séparément sur des cartes, et vous parviendrez sans peine à les ranger, à les composer et à les décomposer. Cette méthode vous procurera des facilités étonnantes pour les observations les plus difficiles et les plus compliquées.

Simplifier chaque trait, se ménager la facilité de transposer, de rapprocher et de comparer les traits ainsi isolés, c'est un des grands moyens que le physionomiste doit employer.

A mon avis, la base du front contient la somme de tous les contours du crâne, et celle de tous les rayons qui partent du sommet de la tête.

Je présumais par le raisonnement, et l'expérience me l'a ensuite confirmé, que dans un homme bien portant, cette ligne fondamentale exprime toute la mesure de sa capacité et de sa perfectibilité. Un physionomiste consommé distinguerait par ses contours seuls, la différence des caractères dans une foule rassemblée sous ses fenêtres.

Pour bien saisir ce trait fondamental, il faut souvent dessiner le même front en profil et en face : il faut le dessiner d'après l'ombre et le mesurer.

J'avoue qu'il est difficile de retrouver au premier coup-d'œil, dans le front vu en profil ou par-devant, tout le contour fondamental du crâne ; cependant avec une application suivie, il est possible d'acquérir cette habitude. Dans un couvent, par exemple, lorsque les moines tonsurés se baissent pour prier, ou qu'ils officient au chœur, on pourrait faire des observations très-intéressantes sur la différence de ces lignes et sur leur expression.

Rien n'est plus difficile que de bien observer les hommes dans le commerce ordinaire de la vie et pendant la veille. Avec mille occasions de les voir, il est rare d'en trouver une seule où l'on puisse sans indiscrétion les étudier à son aise. Le physionomiste devrait donc tâcher d'observer aussi des personnes endormies.

Il les dessinera dans cet état : il copiera en détail les traits et les contours ; il conservera sur-tout les attitudes, ne fût-ce que par des lignes générales : il saisira les rapports qui se trouvent entre le corps, la peau, les bras et les jambes. Ces attitudes et ces rapports sont d'une signification infinie, et particulièrement chez les enfans. La forme du visage y est analogue aussi, et cet accord est visible. Chaque visage répond individuellement à l'attitude du corps et des bras.

Les morts fournissent un nouveau sujet d'étude. Les traits acquièrent une précision et une expression qu'ils n'avaient ni dans la veille, ni dans le sommeil. La mort fait cesser les agitations auxquelles le corps est en proie tant qu'il est uni à l'ame ; elle arrête et fixe ce qui auparavant était indécis et vague. Tout se remet au niveau ; tous les traits rentrent dans leur vrai rapport, pourvu qu'ils n'aient pas été détraqués par des maladies trop violentes ou par des accidens extraordinaires.

Mais ce que je recommande au physionomiste préférablement à tout, c'est l'étude des plâtres. Rien n'est plus propre à l'observation qu'une figure moulée ; on peut l'étudier en tout temps, en tout sens et avec tout le calme de la réflexion : on peut la placer dans différens jours, la silhouetter et la mesurer de tous les côtés ; on peut la couper de toutes les manières, dessiner exactement chaque partie, et en fixer les contours avec une certitude presque mathématique. Ces essais rameneront et attacheront le physionomiste au réel, aux vérités immuables de la physionomie, c'est-à-dire à l'étude des parties solides, qui sera toujours le grand but de toutes ses recherches. Celui qui néglige cette base de notre science pour s'en tenir uniquement au mouvement des muscles, ressemble à ces théologiens qui tirent de l'Évangile quelques préceptes de morale, sans y reconnaître Jésus-Christ. Comparez le buste d'un homme de génie avec celui d'un imbécile-né, analysez-les l'un et l'autre, dessinez et mesurez-les dans l'ensemble et dans les détails, et votre foi en physiognomonie approchera de la certitude que vous avez de votre propre existence, et vous apprendrez à connaître les hommes autant que vous vous connaissez vous-même.

Lorsqu'une fois nous aurons un *frontomètre* exact (et j'espère que nous posséderons bientôt cet instrument dans sa perfection); lorsque le disciple de la physiognomonie en aura l'usage au point de pouvoir, à la simple vue et sans mesure, déterminer avec une certaine précision la capacité et le caractère de chaque front, et d'en indiquer les courbures et les angles; lorsqu'il saura distinguer, d'après les lignes fondamentales et les profils de cette partie du visage, un caractère dur d'un caractère mou, un esprit vif et prompt d'un esprit lent et tardif, quels progrès étonnans ne fera-t-il pas dans la connaissance de l'homme!

Pour cet effet je conseillerais au physionomiste de se procurer une collection de crânes de personnes connues; qu'il tire les silhouettes de ces crânes, qui reposeront tous sur une même planche horizontale; qu'il cherche les triangles dans lesquels ils peuvent être compris. Je dis qu'il choisisse des personnes connues, car il doit apprendre avant d'enseigner. Il doit comparer le fait avec le fait, le caractère positif de l'extérieur avec le caractère positif de l'intérieur ; et ce n'est qu'après avoir trouvé les rapports de l'un à l'autre qu'il étudiera les rapports inconnus des caractères approchans. Ne vous pressez pas de donner des préceptes : s'ils ne soutiennent pas l'examen le plus sévère, ils vous exposeront à la honte et au mépris. A-t-on la réputation d'être physionomiste, on vous fait mille questions indiscrètes, auxquelles on vous oblige de répondre sur-le-champ. Ces questions sont ridicules, sans doute, mais n'y aurait-il pas une vanité plus ridicule encore à vouloir y satisfaire? Il faut avoir avant de donner. Voilà pourquoi je dis à chaque commençant : Observez en silence, et ne communiquez vos jugemens qu'à un petit nombre d'amis ; ne répondez point à tous ces curieux qui cherchent moins la vérité qu'ils ne vous tendent des piéges. Si vous n'avez d'autre but que de briller par votre savoir ; si c'est là le seul motif qui vous anime, vous ne réussirez jamais dans la science dont nous traitons. Croyez-vous avoir fait quelque découverte, avant de la mettre au jour attachez-vous à la constater ; vérifiez-la par des expériences exactes et réitérées ; consultez avec un observateur éclairé, mais renvoyez les questionneurs indiscrets, et n'augmentez point vos embarras par des jugemens précipités.

Une collection d'empreintes de médailles anciennes et modernes en gypse est encore une ressource essentielle et presque indispensable pour le physionomiste. Ces sortes de profils réduits en petits, fournissent les plus grandes facilités pour la classification et la transposition. On ne peut guère compter, je l'avoue, sur les médailles, quant à l'expression des traits; mais les formes principales du profil sont d'autant plus vraies. Et quand même on leur refuserait toute espèce d'authenticité, elles n'en serviraient pas moins à exercer le tact physiognomonique et à classer les visages.

Le physionomiste ne saurait assez étudier le langage.

La plupart de nos erreurs ont leur source dans l'imperfection du langage, dans le défaut de signes parfaitement caractéristiques et adaptés au sujet. *Une vérité qui a toute la simplicité et toute la clarté dont elle est susceptible; une vérité rendue avec tous les traits qui lui sont propres, et énoncée avec la précision convenable; une telle vérité ne peut être méconnue de personne.* La connaissance des langues sera donc un des principaux objets de votre application. Étudiez votre langue maternelle; étudiez les langues étrangères, et sur-tout la française, qui est si riche en expressions physiognomoniques et caractéristiques. Dans vos lectures, dans vos sociétés, vous épierez tous les mots significatifs, et vous les noterez dans un vocabulaire. C'est ainsi, par exemple, que vous établirez différentes classes, différentes espèces, pour l'amour, pour le jugement, pour l'esprit, etc.

Le disciple de la physiognomonie a besoin d'un registre aussi complet que possible de tous les visages caractéristiques. Il le composera lui-même d'après les écrits des auteurs qui ont le mieux étudié les hommes, et d'après ses propres observations. Moi-même j'ai déjà rassemblé plus de quatre cents noms de visages de toute espèce, et il s'en faut bien que cette nomenclature me suffise. Cherchez donc un nom caractéristique général pour chaque visage que vous voudrez observer; mais ne vous hâtez pas trop de lui imposer sa dénomination. Voyez de combien de manières celle-ci peut être modifiée; suivez-la dans toutes ses distinctions; et, avant d'en venir à l'application, examinez bien si vous n'avez rien confondu. Alors seulement vous dessinerez la forme du visage, et vous en ferez la description caractéristique.

Voici quelques-unes des classes générales de mon registre : état du corps, état de l'ame, caractère moral, affections immorales, énergie, esprit, jugement, goût, religion, imperfections, physionomies nationales, physionomies de gens de qualité, physionomies de gens en place, physionomies d'artisans, etc.

Le mot esprit, par exemple, reçoit à son tour les subdivisions suivantes : esprit juste, esprit présent, esprit de saillie; abus de l'esprit; esprit maussade, fin, doucereux, vif, brillant, vain, sérieux, sec, froid, grossier, populaire, critique, prompt, plaisant, jovial, enjoué, badin, gai, folâtre, comique, burlesque, malin, moqueur, ironique, mordant, etc.

Lorsque vous étudierez le caractère du visage dans un tableau ou dans un dessin, et que vous lui aurez trouvé le nom qui lui convient, copiez exactement le contour de la tête, ne fût-ce que par quelques traits légers ou même par des points. J'aime toujours à simplifier les opérations. La forme du visage en général; le rapport des parties constituantes, leur courbure ou leur situation ; ces trois objets méritent une attention particulière, et pourront être indiqués par les lignes les plus simples, comme je le montrerai dans le traité des lignes physionomiques.

Si vous avez de la peine à démêler tout d'un coup le caractère positif, tâchez de le découvrir par la négative ; c'est-à-dire, récapitulez tous les noms qu'il semble exclure ; parcourez votre vocabulaire d'un bout à l'autre ; et dès que vous apercevrez des approximations, arrêtez-vous-y, et leur comparaison vous aidera à trouver le vrai nom. Si un registre assez complet ne fournit pas une seule dénomination dont vous puissiez vous servir, le visage n'en sera que plus remarquable, et vous l'étudierez dans toutes ses situations, dans tous ses plis et replis, jusqu'à ce que vous l'ayez approfondi. Plus une physionomie est énigmatique, plus son déchiffrement promet de découvertes.

Étudiez, dirai-je encore à mon disciple, les portraits et les tableaux d'histoire des meilleurs peintres et des meilleurs dessinateurs. Parmi les peintres en portraits, Mignard, Largillière, Rigaud, Kneller, Reynolds et van Dyk, occupent chez moi le premier rang. Je préfère cependant les portraits de Mignard et de Rigaud peints par eux-mêmes, à tous les van Dyk ; ceux-ci manquent souvent d'illusion et d'exactitude, parce que van Dyk s'attachait plus à l'ensemble et à l'esprit de la physionomie qu'aux détails. Malheureusement c'est un reproche qu'on peut faire avec plus de fondement encore à une infinité de maîtres flamands, anglais et italiens. (J'en excepte Giboon, van der Banck,

Mans, Poel, et quelques autres dont je ne me rappelle pas les noms dans ce moment.) Sous le prétexte spécieux qu'il ne faut pas être copiste servile, on passe avec une légèreté impardonnable sur les détails les plus délicats; on cherche les grands effets, et on veut en imposer au goût en rendant la nature en gros. Ce n'est pas là ce que demande le physionomiste, et ce n'est pas ainsi que se présente la nature. Ne rendre que ses parties frappantes, ce n'est plus l'imiter; c'est avouer qu'on ne la connaît pas, qu'on l'a mal étudiée.

Les meilleurs morceaux de Kupetzkey, de Kilian, de Lucas Kranach, et sur-tout de Holbein, quelle école instructive pour la physionomie! Qu'on leur refuse quelquefois, si l'on veut, le goût et une touche hardie; je préfère toujours le vrai au beau. Un auteur vrai me plaît davantage qu'un auteur élégant; et, sans aimer une exactitude pénible, je soutiendrai pourtant qu'un Erasme de Holbein l'emporte sur tous les van Dyk, tant pour la vérité que pour la naïveté. Mépriser les détails, c'est mépriser la nature: où les détails sont-ils traités avec autant de richesse et de facilité que dans ses ouvrages?

Les têtes de Denner seraient impayables pour l'étude de la physionomie, si ses détails microscopiques répondaient mieux à l'esprit de l'ensemble.

Soutman, dont nous avons quelques bonnes têtes, serait tout aussi peu celui que je proposerais pour modèle. Je fais plus de cas de la précision et de la vigueur de Blyhof; mais le connaisseur, le vrai peintre, le physionomiste, mettront au-dessus de tout les portraits de Morin.

Je n'ai vu que très-peu de têtes de Rembrandt dont le physionomiste puisse tirer parti.

Avec plus de santé, de connaissances et d'habitude, Colla serait devenu peut-être un des premiers peintres en portraits. Ses têtes sont presque autant d'études.

Parmi les peintres et les dessinateurs qui ont traité l'histoire, il y en a bien peu qui aient été physionomistes ; presque tous se sont bornés à exprimer le langage des passions, et ils n'ont pas été plus loin. Voici, en attendant, le catalogue de quelques-uns qui ont excellé dans leurt art, et dont les ouvrages méritent à tous égards une attention particulière, quoique, à tout prendre, le moindre tableau d'un peintre médiocre ne soit pas à mépriser dans notre science.

Le physionomiste étudiera chez le Titien la noblesse du style, le naturel et le sublime de l'expression, les visages voluptueux. J'ai vu à Dusseldorf un portrait de ce peintre, qui est un chef-d'œuvre presque incomparable de naturel et d'expression.

Michel-Ange nous fournira des caractères énergiques, fiers, dédaigneux, sérieux, opiniâtres, invincibles.

Nous admirerons dans les têtes du Guide l'expression touchante d'un amour tranquille, pur, céleste.

Les ouvrages de Rubens nous offriront les linéamens de la fureur, de la force, de l'ivrognerie, de tous les excès du vice. C'est dommage qu'il n'ait pas fait un grand nombre de portraits. Son cardinal Ximenès, qui est à

Dusseldorf, l'emporte, selon moi, sur les meilleurs van Dyk.

Van der Werf sera notre modèle pour les physionomies modestes et souffrantes.

Nous chercherons chez Lairesse, chez le Poussin, et sur-tout chez Raphaël, une composition simple, la profondeur dans les pensées, le calme de la noblesse, un sublime inimitable. Raphaël ne saurait être assez étudié ; mais ce n'est que dans le grand genre, auquel ses figures et ses airs de tête se rapportent toujours.

Il ne faut pas attendre beaucoup de noblesse de Hogarth ; le vrai beau n'était guère à la portée de ce peintre, que je serais tenté d'appeler le *faux prophète de la beauté*. Mais quelle richesse inexprimable dans les scènes comiques ou morales de la vie ! Personne n'a mieux caractérisé les physionomies basses, les mœurs crapuleuses de la lie du peuple, les charges du ridicule, les horreurs du vice.

Gérard Douw a bien rendu les caractères bas et ceux des fripons, les physionomies qui expriment l'attention. J'ai vu de lui à Dusseldorf un charlatan entouré de la populace : ce morceau serait une excellente théorie pour les lignes physionomiques.

Je consulterais Vilkenboon pour l'expression de l'ironie.

Spranger pour les passions violentes.

Callot avait le talent de représenter avec un naturel singulier les mendians, les filous, les bourreaux. C'est aussi le genre de A. Bath.

Je choisirais Henri Goltius et Albert Durer pour toutes

sortes de sujets comiques et bas, pour les paysans, les valets, etc.

Martin de Vos, Lucas de Leyde et Sébastien Brand, ont excellé dans le même genre; mais on trouve aussi chez eux des physionomies pleines de noblesse, et d'un sublime vraiment apostolique.

Rembrandt, entre autres mérites, avait celui de bien rendre les passions du petit peuple.

Annibal Carache entendait supérieurement le comique et les charges de toute espèce. Il avait sur-tout le talent, si nécessaire au physionomiste, de présenter le caractère en peu de traits.

Chodowiecki seul vaut toute une école; ses enfans, ses jeunes filles, ses mères de famille, ses valets, sont admirables. Chez lui chaque vice a ses traits caractéristiques; chaque passion, les attitudes et les gestes qui lui conviennent. Il a étudié en observateur habile tous les rangs de la société. La cour et la ville, le bourgeois et le militaire, lui fournissent tour-à-tour les scènes les plus variées et les plus vraies.

Schellenberg a un tact particulier pour rendre les ridicules de province.

On peut citer de la Fage ses bacchanales, ses physionomies gaies et voluptueuses.

Rugendas est le peintre de la fureur, de la douleur, des grands effets de la passion.

Bloemaert n'a pour lui que les attitudes qui marquent l'abattement.

Les têtes de Schlütter, gravées à l'eau-forte par

Rode, caractérisent à merveille la souffrance dans les grandes ames.

Le gigantesque est le genre favori de Fuesli. Son génie s'exerce sur des caractères énergiques ; il peint à grands traits les effets de la colère, de la frayeur et de la rage, toutes sortes de scènes terribles.

Dans les tableaux de Mengs, que de goût, de noblesse, d'harmonie et de calme !

Ceux de West portent l'empreinte d'une noble simplicité, du calme et de l'innocence.

Toutes les passions se trouvent réunies dans les yeux, les sourcils et les bouches de Lebrun.

Tels sont en partie les maîtres que le physionomiste doit étudier. Il se choisira dans chaque ouvrage de peinture les traits les mieux rendus, et il les notera dans son répertoire sous les titres qui y répondent. S'il suit la méthode que je viens de tracer, j'ose lui promettre qu'il ne tardera pas à voir ce qui n'est aperçu de personne, quoique exposé à la vue de tout le monde ; et qu'il possédera en peu de temps des connaissances que nul ne se met en peine d'acquérir, bien qu'elles soient à la portée de chacun. Mais, d'un autre côté, la plupart des peintres que nous venons de citer, n'enseignent que la pathognomonie. Il en est bien peu qui se soient attachés à la forme solide du corps ; et ceux qui méritent peut-être à cet égard le nom de physionomistes, ne le sont, pour ainsi dire, que par hasard, car à tout moment ils s'écartent de la règle.

II.

SUITE DES CONSEILS ADRESSÉS AUX PERSONNES QUI VEULENT SE LIVRER AUX ÉTUDES DE LA PHYSIONOMIE.

1. La nature a modelé tous les hommes d'après une même forme fondamentale. Celle-ci varie à l'infini ; mais elle ne sort pas plus de son parallélisme et de ses proportions qu'un pantographe ou qu'une règle parallèle. Tout individu qui s'écarte du parallélisme général de la figure humaine, à moins que cette déviation ne soit l'effet d'accidens malheureux dont il a été la triste victime, est un monstre de conformation. Au contraire, plus la forme répond à la régularité de ce parallélisme, plus elle est parfaite. C'est là une observation que chaque disciple de la physionomie doit répéter avec moi, et, lorsqu'il l'aura vérifiée, qu'il doit adopter pour principe.

Cependant un extérieur rebutant n'exclut pas toujours de grandes facultés intellectuelles, je l'avoue. Le génie et la vertu se cachent quelquefois dans une cabane obscure ; pourquoi ne pourraient-ils pas aussi revêtir une forme irrégulière ? Mais, d'un autre côté, on doit convenir qu'on rencontre telles et telles formes où le génie et la noblesse du sentiment ne sauraient trouver entrée, comme il y a des bâtimens qui cessent d'être logeables pour des créatures humaines. Le physionomiste s'appliquera donc à connaître quelles sont les formes régulièrement belles qui appartiennent exclusivement aux grands esprits ; quelles sont les formes irrégulières qui conservent encore assez d'espace pour admettre le talent et la vertu ; ou qui, en rétrécissant cet espace d'un côté, concentrent peut-être davantage l'énergie des dispositions naturelles.

2. Lorsqu'un trait principal du visage est significatif, le trait accessoire le sera aussi ; le dernier a son principe comme le premier. Tout a ses causes, ou rien n'en a. Si vous n'etes pas frappé de l'évidence de cet axiome ; si, pour vous en convaincre, il vous faut encore des preuves, abandonnez l'étude de la physionomie.

3. Le plus beau des visages est susceptible de dégradation, et il n'en est point de si laid qui ne puisse prétendre à l'embellissement ; bien entendu cependant que dans ces changemens la forme du visage et le genre de la physionomie conservent toujours leur base primitive.

C'est au physionomiste à étudier les degrés de la perfectibilité ou de la corruptibilité de chaque forme de visage. Qu'il combine souvent l'idée d'une belle action avec un visage rebutant, et réciproquement l'idée d'une action vile avec une physionomie heureuse.

4. Les caractères positifs du visage annoncent toujours des facultés positives ; mais le défaut de ces caractères ne suppose pas le défaut absolu des facultés correspondantes.

5. Étudiez avec une attention particulière les visages auxquels vous trouverez un défaut total de correspon-

dance; ceux qui, pour subsister ensemble, ont en quelque sorte besoin de la médiation d'un troisième. Deux visages qui offrent un parfait contraste sont un spectacle intéressant pour le physionomiste.

6. Abandonnez-vous toujours aux premières impressions, et même fiez-vous-y davantage qu'aux observations. Vos aperçus sont-ils le résultat d'un sentiment involontaire, excité par un mouvement subit, soyez sûr que la source en est pure, et que vous pouvez vous passer de recourir à l'induction. Ce n'est pas cependant qu'il faille jamais négliger la voie des recherches. Au contraire, dessinez le trait, la forme, la mine, qui vous ont d'abord affecté ; opposez-leur les contrastes les plus extrêmes ; et demandez à une ou à plusieurs personnes capables de sentir et de juger sainement, quelles sont les qualités différentes que ces deux visages expriment. Si tous les suffrages se réunissent, suivez comme une inspiration cette première impression que vous avez reçue.

7. De toutes les observations que vous avez occasion de faire, n'en négligez aucune, quelque fortuite, quelque indifférente qu'elle paraisse ; recueillez-les toutes avec un soin égal, quand même vous n'y attacheriez d'abord aucun prix ; tôt ou tard vous en retirerez pourtant de l'utilité.

8. Remarquez les différentes statures ; les grandes, les moyennes, les petites, les contrefaites. Examinez ce qui est commun à chacune ; elles ont des caractères propres qui appartiennent à tous les individus de la classe qu'elles composent, et qui reparaissent dans

l'ensemble de la physionomie comme dans les traits séparés.

9. Remarquez aussi la voix (comme font les Italiens dans leurs passe-ports et dans leurs signalemens) ; distinguez si elle est haute ou basse, forte ou faible, claire ou sourde, douce ou rude, juste ou fausse. Observez quels sont les fronts et les voix qui s'associent le plus souvent. Pour peu que vous ayez l'oreille délicate, comptez que le son de la voix vous fournira bientôt des indices sûrs, auxquels vous reconnaîtrez la classe du front, du tempérament et du caractère.

10. Chaque physionomie a son caractère. J'ai déjà parlé plus d'une fois des traits généraux qui sont caractéristiques pour tous les visages sans exception ; mais, indépendamment de ceux-là, il y a encore des traits particuliers dont la précision et la signification ne sauraient échapper au coup-d'œil du physionomiste. Par exemple, tous les penseurs n'ont pas des formes de visage qui annoncent d'une manière frappante le sérieux de la réflexion ; souvent les rides du front suffisent seules pour exprimer ce caractère. C'est ainsi encore que celui de la bonté se manifeste quelquefois dans l'apparence, la forme, l'arrangement et la couleur des dents ; celui du mécontentement, dans les linéamens triangulaires ou dans les cavités de la joue, etc.

11. Distinguez soigneusement ce qui est naturel, ce qui est accidentel, ce qui est produit par des causes violentes. Tout ce qui est naturel est continu ; et cette continuité est le sceau que la nature imprime à toutes les formes qui ne sont pas monstrueuses ; il n'y a que

des accidens qui puissent interrompre l'ordre général. On a tant parlé de ces accidens comme d'autant d'obstacles insurmontables qui s'opposent à l'étude scientifique de la physionomie; et cependant ils sont si aisés à reconnaître! Pourra-t-on se méprendre, par exemple, aux difformités occasionées par la petite vérole? aux marques que laisse une chute, un coup, ou telle autre cause violente? J'ai connu, il est vrai, quelques personnes qui, dans leur jeunesse, étaient devenues imbéciles par des chutes, sans qu'elles en conservassent des marques visibles; mais l'imbécillité se montrait assez dans les traits du visage, et en partie aussi dans la forme solide de la tête; l'extension de l'occiput semblait avoir été arrêtée par l'effet de la chute. Dans ces sortes de cas douteux, il est du devoir du physionomiste de s'éclaircir sur la constitution et l'éducation physique des personnes qu'il veut observer.

12. Je ne prétends pas que le physionomiste doive juger en dernier ressort sur un signe unique; je dis seulement qu'il le peut dans certains cas. Et quoique, selon Aristote,

Ἐνι πιστεύειν τῶν σημείων ἑνότης,

il n'en est pas moins vrai que certains traits particuliers sont absolument décisifs, et suffisent pour caractériser telles dispositions et telles passions de l'individu. Souvent le front, le nez, les lèvres, les yeux, annoncent exclusivement l'énergie ou la faiblesse, la vivacité ou la froideur, la pénétration ou la stupidité, l'amour ou la haine; bien entendu cependant que ces traits distinctifs supposent la coexistence d'autres parties plus ou moins analogues. Cependant, je recommanderai toujours l'étude des traits accessoires et des plus petits détails de la physionomie ; je dirai toujours, et c'est un principe sur lequel on ne saurait trop insister, qu'il faut tout réunir ; qu'il faut comparer les détails aux détails ; qu'il faut envisager la nature dans son ensemble. Observez avec le même soin la forme, la couleur, les chairs, les os et les muscles; la souplesse ou la roideur des membres, les mouvemens, l'attitude, la démarche et la voix ; les expressions, les actions et les passions ; les ris et les pleurs, la bonne et la mauvaise humeur, l'emportement et le calme. Ne négligez aucun détail, mais combinez-les tous avec l'ensemble. Apprenez sur-tout à distinguer ce qui est naturel de ce qui est factice, le caractère propre du caractère emprunté. Vous trouverez que tout ce qui est emprunté et factice suppose à son tour une aptitude préalable à recevoir ces qualités étrangères ; qu'ainsi, il est possible de prévoir et de prédire ce qu'une physionomie peut adopter ou non. Tel visage n'est pas fait pour la douceur; tel autre ne saurait prendre un air imposant et courroucé.

Mais, dira-t-on, l'homme le plus tranquille peut se livrer quelquefois à des emportemens, et l'esprit le plus violent a ses momens de calme ; par conséquent la même physionomie peut exprimer tour-à-tour la douceur et la colère.

Je le sais ; mais il y a des visages auxquels la douceur est aussi naturelle ou aussi étrangère que la colère est naturelle ou étrangère à d'autres. C'est à la forme originelle, c'est aux traits primitifs étudiés dans l'état de repos, c'est enfin au caractère de l'esprit à vous enseigner ce qui convient ou ce qui ne convient pas à telle ou telle physionomie, ce qu'elle admet ou ce qu'elle rejette. En remontant à ces sources d'instruction, vous découvrirez souvent la plus belle harmonie là où d'autres n'aperçoivent qu'incohérence et qu'irrégularité.

Peu-à-peu vous parviendrez à deviner une partie par l'autre : la connaissance d'un ou de deux détails vous conduira à un troisième, et successivement à tous les autres. Vous déterminerez d'après le son de la voix, la forme de la bouche, et celle-ci vous fera pressentir les paroles qu'elle va prononcer ; vous jugerez du style par la forme du front, et réciproquement du front par le style.... Vous ne saurez pas d'avance tout ce qu'un homme voudra dire, écrire ou faire en général ; mais vous pourrez prévoir de quoi il sera capable ou incapable, comment il agira ou s'exprimera dans telles circonstances données.

13. Il est pour la physionomie des momens décisifs qu'il importe essentiellement d'observer : tel est celui d'une rencontre imprévue, ou seulement du premier abord ; l'instant où l'on se présente dans une compagnie et celui où l'on en sort ; tel est encore, d'une façon plus particulière, le moment où une passion violente est sur le point d'éclater, et le moment qui suit ce premier éclat ; tel est sur-tout celui où la passion est subitement réprimée par la présence d'un person-

nage respectable : c'est dans cette dernière circonstance qu'on découvre d'un même coup-d'œil, et la force de la dissimulation, et les traces encore subsistantes de la passion.

Souvent un mouvement de tendresse ou de pitié, de tristesse ou de colère, de zèle ou d'envie, suffit pour faire juger du caractère d'un homme. Mettez en opposition le calme le plus parfait et l'emportement le plus violent : d'un côté, le moment où l'homme est à lui-même, et de l'autre, celui où il sort de son assiette naturelle; comparez ces deux états, et vous verrez ce que chaque individu est ou n'est pas, ce qu'il pourra être ou ce qu'il ne sera jamais.

14. Étudiez la supériorité que certaines physionomies ont sur d'autres. Sans doute le père commun des hommes a créé tout le genre humain d'un même sang; mais l'égalité des conditions n'en est pas moins une chimère. Chacun a sa place et son rang, et cette diversité même appartient aux vues de la Providence. Tout corps animé ou inanimé a des millions d'êtres qui lui sont subordonnés, et il est assujetti lui-même à je ne sais combien d'autres êtres qui pèsent sur lui. Il est roi et sujet tour-à-tour, ainsi le veut sa nature. Cherchez donc à connaître dans chaque corps organisé la supériorité et l'infériorité qui appartiennent à son espèce, qui en sont inséparables, et qui ne sauraient lui être ôtées par des conventions de société. Fixez exactement les limites qui se touchent. Comparez toujours le fort avec le faible, des caractères fermes et énergiques avec des caractères mous et flexibles. Les extrêmes une fois

établis, vous découvrirez aisément les rapports intermédiaires. Vous pourrez déterminer, d'après des règles géométriques, les rapports qui se trouvent entre le front d'un homme fait pour commander et le front d'un homme fait pour obéir, entre le nez du monarque et le nez de l'esclave.

15. Dans l'étude de la physionomie ayez pour règle de chercher la conformité des caractères dans la ressemblance des visages, et la ressemblance des visages, ou du moins celle de leur forme, dans l'analogie des fronts. Rapprochez donc toujours tant que vous pourrez, les caractères, des crânes, des formes de visage, des fronts et des traits qui se ressemblent. Rapprochez, observez et comparez.

16. Si vous avez le bonheur de rencontrer un homme qui a le don si rare de s'intéresser sans affectation à ce qu'on lui propose; un homme qui agit en chaque chose avec une attention réfléchie, qui ne répond jamais sans avoir écouté jusqu'au bout, qui sait toujours se décider sans prendre jamais le ton décisif, ne manquez pas d'étudier son visage et dans l'ensemble et dans les moindres détails. Le degré de l'attention détermine le degré du jugement, le degré de la bonté d'ame, le degré de l'énergie. Celui qui est incapable d'écouter, est incapable aussi de tout ce qui mérite le nom de sagesse et de vertu. Celui qui sait écouter, pourra réussir dans tout ce qui est à la portée de l'esprit humain. Un seul visage où se peint l'attention vous fournira des indices qui vous aideront à déchiffrer les qualités les plus estimables dans d'autres individus.

17. Tenez-vous pour dit qu'un homme qui se montre exact dans les actions indifférentes de la vie, qu'un homme que vous verrez fixer d'un regard attentif et tranquille chaque objet dont il s'occupe, est un sujet d'étude admirable. Son maintien, ses mouvemens, ses gestes, porteront l'empreinte de son caractère. Je ne risque rien de dire que celui qui est circonspect et soigneux dans les petites choses, le sera également dans les grandes.

Voici quelques traits dont le concours promet infailliblement la physionomie la plus heureuse, je dirais volontiers une physionomie surhumaine. Je suppose d'ailleurs que chacun de ces traits sera décidément avantageux en lui-même, et que tous ensemble se réuniront dans un juste rapport. Il faut :

a. Une conformité frappante entre les trois parties principales du visage, le front, le nez et le menton.

b. Un front qui repose sur une base presque horizontale, avec des sourcils presque droits, serrés et hardiment prononcés.

c. Des yeux d'un bleu clair ou d'un brun clair qui paraissent noirs à une petite distance, et dont la paupière de dessus ne couvre que le quart ou un cinquième de la prunelle.

d Un nez dont le dos est large et presque parallèle des deux côtés, avec une légère inflexion.

e. Une bouche d'une coupe horizontale, mais dont la lèvre de dessus s'abaisse doucement par le milieu. La lèvre inférieure ne doit pas être plus épaisse que celle d'en haut.

f. Un menton rond avancé en saillie.

g. Des cheveux courts d'un brun foncé et qui se partagent en grosses boucles frisées.

18. Pour bien étudier un visage, il faut l'observer en profil, en face, de trois quarts aux sept huitièmes, et du haut en bas. On lui fera fermer les yeux pendant quelque temps, puis il les rouvrira. Le visage vu en plein, offre trop de choses à-la-fois, et distrait par conséquent l'attention ; c'est pourquoi je conseille de l'examiner successivement de différens côtés.

19. J'ai déjà dit plus d'une fois que le physionomiste ne saurait se passer du dessin. Pour acquérir dans cet art le degré d'habitude qui lui est nécessaire, il doit uniquement se borner aux contours, soit qu'il copie la nature, soit qu'il dessine d'après des bustes, des tableaux, des gravures, ou d'après tel autre modèle. Il faut qu'il sache distinguer, résoudre, simplifier et expliquer ce qui est composé, confus ou vague. Tous les peintres qui ne sont pas physionomistes et qui entendent mal le dessin, se récrient contre cette méthode; mais elle n'en est pas moins la seule qui réunisse les avantages de la facilité, de la précision et de l'exactitude. Je n'en citerai pour preuves que les célèbres *passions* de Lebrun.

20. Rien n'est plus propre à exercer le physionomiste que l'étude des peintures à l'huile; mais il lui faut des chefs-d'œuvre, et ils sont si rares et d'un si grand prix, que le moindre cabinet exige déjà des dépenses énormes. Les modèles qui lui conviennent le moins sont les dessins en crayon noir. Je les rejetterais

autant que les miniatures. Les uns et les autres conduisent à cette manière libre qu'on prétend faire passer pour pittoresque, mais qui n'est que vague, et par-là même contraire à la nature et à la vérité. Pour bien rendre le caractère de la physionomie, pour en conserver toute la précision et toute la délicatesse, servez-vous de préférence de la mine de plomb renforcée par quelques touches d'encre de la Chine. Mais observez en même temps que ces sortes de dessins doivent être exécutés dans un lieu obscur qui reçoit le jour par une ouverture ronde d'un pied de diamètre : il faut la ménager à trois ou quatre pieds au-dessus de la tête qu'on veut dessiner, et celle-ci sera tournée un peu en profil. De toutes les méthodes que j'ai essayées, je n'en ai point trouvé de plus facile, ni dont l'effet soit généralement plus agréable et plus caractéristique. Je crois cependant que certaines physionomies pourraient être dessinées avec le même succès à la faveur d'un jour qui tombe perpendiculairement d'en haut; mais ce ne seraient tout au plus que les visages plats et délicats, car ceux qui sont fortement musclés perdraient trop par les ombres. Dans l'autre position que je viens de décrire, on pourrait faire usage aussi d'une chambre obscure qui diminuerait l'objet des trois quarts, et qui servirait, non à exécuter le dessin (ce qui serait impossible à cause de la vacillation), mais à vérifier par comparaison l'exactitude de la copie.

21. On me demandera quels sont les auteurs physiognomoniques dont je conseille la lecture. Le nombre de ceux qu'on peut citer avec éloge est très-petit; une

quinzaine de jours suffisent pour les parcourir tous, et leurs observations, même les plus sensées, ont encore besoin d'être éclairées de près. Lorsqu'on a lu deux ou trois de ces ouvrages, on les connaît presque tous. Porta, et après lui Peuschel et Pernetti, ont rassemblé ce que les anciens ont écrit de plus essentiel sur cette matière. Chez le premier, le bon, le médiocre et le mauvais, se trouvent confondus ; son livre fourmille de contradictions. Il rapporte à la file, sans ordre ni méthode, les opinions d'Aristote, de Pline, de Suétone, de Polémon, d'Adamantius, de Galien, de Trogus Conciliator, d'Albert, de Scot, de Maletius, d'Avizenna et plusieurs autres. Quelquefois il ajoute ses propres réflexions, qu'il explique par les physionomies des hommes célèbres, et c'est par cet endroit sur-tout qu'il est intéressant. Quoique sujet aux rêveries de l'astrologie judiciaire, il y donne pourtant moins que ses prédécesseurs.

Peuschel, et plus encore Pernetti, ont bien mérité de la science des physionomies pour l'avoir dégagée d'une foule d'absurdités qui l'embarrassaient autrefois ; mais leurs écrits offrent peu d'idées neuves, et ils sont très-éloignés d'avoir déterminé avec précision les traits du visage ; détermination qui est pourtant si nécessaire, et sans laquelle la physiognomonie serait la plus dangereuse de toutes les sciences ébauchées.

Helvétius, dans l'ouvrage appelé *Physiognomia medicinalis*, a très-bien caractérisé les tempéramens. Abstraction faite de son faible pour l'astrologie, il peut être placé au rang de nos premiers maîtres.

Il faut lire Huart, malgré ses idées crues et ses hypothèses trop hardies. Cet auteur a appuyé ses propres observations sur de bons passages tirés d'Aristote, de Galien et d'Hippocrate; mais il ne nous a guère enrichi de nouvelles découvertes.

On apprend peu de chose avec Philippe May; mais la Chambre est un écrivain judicieux, qui a réussi surtout dans les caractères des passions : il aurait dû songer cependant à y ajouter des contours et des dessins.

Jean de Hagen de Indagine, fera plus de sensation par sa propre physionomie que par son ouvrage. Celui-ci n'est guère qu'une compilation, mais qui mérite pourtant quelque attention.

Marbitius est un bavard insupportable. Son discours *De varietate faciei humanæ* (Dresde, 1676, in-4°) ne contient pas six idées qui lui appartiennent. La plus absurde de toutes, celle de la transposition et de l'arrangement des parties du visage, a été adoptée d'après lui par un écrivain de nos jours.

Parson, que MM. de Buffon et de Haller se sont donné la peine d'abréger, est, malgré toutes ses imperfections, un auteur classique pour la partie qui traite de la mobilité de la physionomie, des muscles du visage et du langage des passions.

Au risque de donner du scandale, je citerai le fameux Jacob Bohmer. Théosophe obscur, il n'en avait pas moins observé la nature; il la connaissait et en entendait le langage. Ces éloges seront réprouvés par nos Aristarques de la littérature ; mes amis diront que j'aurais dû les supprimer comme philosophe, ou du moins comme théologien ; mais pourquoi craindrais-je de suivre ma conviction et de rendre hommage à la vérité ? Jacob Bohmer, je le répète, a laissé des preuves d'un tact physionomique peu commun. Ce n'est pas cependant que je veuille recommander indifféremment tous ses écrits ; mais celui *des quatre complexions* est un trésor inestimable pour quiconque sait distinguer l'or du fumier.

Guillaume Gratarole, médecin de Bergame, est encore un physionomiste digne d'être étudié. J'estime son ouvrage, tant pour la richesse des matières que pour la précision du style. Il a pour titre : *De prædictione morum naturarumque hominum facili, cum ex inspectione vultûs, aliarumque corporis partium, tum aliis modis.*

Enfin, il me reste à nommer Scipio Claramontius, le meilleur et le plus solide de tous les physionomistes des siècles passés. Avec beaucoup d'érudition, il n'ennuie pas ses lecteurs par des citations entassées : il voit et il juge par lui-même ; il entre dans les détails sans être diffus. Son livre *De conjectandis cujusque moribus et latitantibus animi affectibus*, mériterait, sinon d'être traduit en entier, du moins d'être extrait et commenté. Cet ouvrage, si estimable à bien des égards, est cependant très-imparfait à d'autres : nombre d'anciennes erreurs y ont été répétées ; mais, pour peu qu'on soit en état de comparer cet auteur avec ceux qui l'ont précédé dans la même carrière, on applaudira à ses découvertes, à ses idées neuves et originales et à ses réflexions judicieuses. Dans les momens même où il ne me satisfait point, je trouve toujours en lui un homme qui réfléchit. Quoique attaché aux subtilités de l'école, il ne pèche, ni par trop de sécheresse, ni par trop de raffinement : ses pensées et son style ne sont jamais sans noblesse.

De la noblesse ! voilà pourtant ce qui manque à la plupart des modernes qui ont écrit pour ou contre la physiognomonie. Quant à moi, je me réconcilie aisément avec un auteur qui met de la dignité dans son sujet, sans affectation ni prétention; et c'est un mérite qu'on doit accorder à Claramontius presque à chaque page. Il est plus que savant. Ses connaissances physiognomoniques sont fondées sur une étude approfondie du cœur et de l'esprit humain. Il sait faire une heureuse application de ses règles générales. Son immense érudition, sans être à charge, le sert à merveille dans ses raisonnemens et dans ses observations. Souvent il a saisi avec beaucoup de sagacité les caractères des passions, et il les a rendus avec autant d'intelligence. En un mot, je puis recommander hardiment cet auteur à tous ceux qui veulent étudier les hommes, et plus particulièrement encore à ceux qui choisissent le caractère moral pour la matière de leurs écrits.

22. Le physionomiste doit se procurer nécessairement une nombreuse collection de portraits remarquables. J'ai placé à la suite de ce fragment le catalogue de ceux qui pourront l'intéresser de préférence. Je laisse aux amateurs le soin de faire à cette liste les additions qui leur conviendront; car je me suis uniquement borné aux portraits que j'ai vus moi-même, et

que j'avais notés pour mon usage particulier. Je n'en puis citer que les noms, mais je garantis que parmi ces physionomies il n'en est pas une seule qui ne mérite d'être étudiée et commentée. Parcourez plusieurs fois cette collection, et, pour peu que vous ayez de disposition à être physionomiste, elle exercera et assurera votre coup-d'œil. Si vous voulez, après cela, comparer les traits de ces illustres personnages avec leurs caractères, avec l'histoire de leur vie, avec leurs actions et leurs ouvrages, chacun d'eux, j'ose en répondre, vous fournira pour notre science des découvertes curieuses et importantes. C'est du moins à leurs portraits que je dois un très-grand nombre de mes observations; ils enrichiront aussi, en partie, mon *Traité des lignes de la physionomie*, et j'en parlerai avec plus ou moins de détail.

23. Mais la meilleure et la plus utile de toutes les écoles sera toujours la société des gens de bien, et c'est là que le physionomiste doit achever ses études. Que de perfections il y découvrira s'il les cherche avec des yeux de bienveillance; avec un cœur simple et pur! *Cherchez et vous trouverez.* Souvent même vous trouverez là où vous n'auriez pas été tenté de chercher. Vous retrouverez dans chaque forme l'image de la Divinité, et ce sublime objet répandra de l'éclat sur tous les autres; il ouvrira vos yeux sur une foule de merveilles auxquelles personne ne s'arrête, mais que tous les hommes reconnaissent aussitôt qu'on les leur fait apercevoir.

24. Je finis par une exhortation que je ne saurais

répéter avec assez de force : Jugez peu, quelques instances que l'on vous fasse ; renvoyez tranquillement les questionneurs indiscrets qui en appellent à votre tribunal, ou pour tourner vos arrêts en dérision, ou pour vous marquer leur approbation d'un air de suffisance. C'est une folie que de vouloir satisfaire à toutes les demandes insensées que l'on peut vous adresser. Vous aurez beau dire que vous pouvez vous tromper, ayez le malheur de vous tromper une seule fois, et vous serez hué sans pitié, comme si vous vous étiez donné pour un homme infaillible.

L'étude approfondie et raisonnée de la physiognomonie est donc bien difficile? Oui, mon cher lecteur, elle l'est, et plus qu'on ne le pense. Je sais ce qu'il en coûte pour la cultiver ; je sais encore que, malgré tous mes efforts, je suis bien éloigné d'y avoir fait de grands progrès. Quiconque s'attache sérieusement à la recherche du vrai ; quiconque prend à cœur le bien de l'humanité, et croit pouvoir y contribuer par le secours de notre science, ne se livrera pas à cette étude légèrement et sans s'être bien consulté. Détourner ceux qui n'y apportent pas le tact, la capacité et le loisir qu'elle demande ; encourager ceux dont la vocation est bien décidée, c'est le double but que je me suis proposé. Dans cette vue, j'ai rendu un compte fidèle des observations que j'ai faites ; j'ai montré, sans emphase et sans affectation, la route qui m'y a conduit.

Je sens mieux que personne l'imperfection et l'insuffisance des préceptes que je viens d'etablir. Cependant, suivez-les dans l'esprit qui les a dictés, et je suis convaincu que vous découvrirez, et dans la nature, et dans la physionomie de l'homme, des merveilles et des mystères qui vous récompenseront richement de vos peines.

Je suis persuadé encore que plus vous ferez de progrès, plus vous apprendrez à être indulgent et circonspect. Vous serez tour-à-tour confiant et timide; mais plus vous acquerrez de connaissance, et plus vous serez réservé dans vos jugemens.

III.

LISTE DE PLUSIEURS PORTRAITS PARTICULIÈREMENT REMARQUABLES ET PROPRES A FACILITER L'ÉTUDE DE LA PHYSIOGNOMONIE.

Agrippa (Henri-Corneille).
Albe (*le duc d'*).
Albert I, d'Autriche.
Albinus, *professeur de Leyde.*
Alexandre VIII.
Alfonse V, *roi d'Aragon.*
Algardi (Alexandre).
Alvarbazan.
Alzinatus (André).
Ambukus (Jean).
Amherst (Jeffry).
Anhalt (Georges, *prince d'*).
Anhold.
Aniclus (Thomas).
Anson.
Apollonius.
Arétin (Pierre).
Argoli (André).
Arbrissel (Robert d').
Arnauld (Antoine).
Arnheim (Jean, *baron d'*).
Arrularius.
Avila (Sanchez d').
Aurélien (Charles), fils de François.

Balée (Jean).
Bandinelli.
Bankest, *l'amiral.*
Barberin (François), *le cardinal.*
Barbieri.
Baricelle (Jules-César).
Bastius (Henri).
Bayle.
Beaulieu (Jacques).
Bekker (Balthasar).
Bellarmin.
Bembo (Pierre).
Bengel.
Benoît XIV.
Berghe (de).
Bernard, *duc de Saxe-Weymar.*
Bernini.
Bertholde V.
Beze.
Bidloo.
Boileau.
Borromée (saint Charles).
Bouillon (Claude de).
Bourbon (Antoine de).
Bourbon, *le connétable.*
Bourdeille, *abbé de Brantôme.*
Bourgogne (Maximilien de)

Boxhorn.
Brachet (Théophile), *sieur de la Milletière.*
Brahé (Ticho).
Brandi (Hyacinthe).
Breugel.
Bronk (van der).
Brutus.
Bruxelles (Philibert de).
Buchanan (Georges).
Bucholzer (Georges).
Budé (Guillaume).
Burman (Pierre).
Butler (Samuel).
Bucer (Martin).

Cabrinus.
Cachiopin (Jacques de).
Caldera (Édouard).
Caligula.
Callou (Jacques).
Calvin.
Camerarius (Joachim).
Campian (Edmond).
Camus (Pierre le).
Canisius.
Capello (Vincent).
Carache (Annibal).
Carisius.
Casaubon (Isaac).
Casimir de Pologne.
Cassini.
Castaldi.
Caylus (Anne-Claude, *comte de*).
Célestin (Georges).
Celse.
César (Jules).
Champagne.
Charles I d'Angleterre.
Charles IV et V de Lorraine.
Charles-Quint.
Charles IX, } *rois de Suède.*
Charles XII, }
Charles Gustave, }
Chemnitius (Martin).
Chiavone (André).
Cholet.
Chrétien II, *duc de Saxe.*
Christine II, de Nanteuil.
Cicéron.
Clarke.
Clauberg.
Clément VII.
Clément IX.
Coccejus.
Cochléus (Jean).
Coddé (Pierre).
Colbert.
Coligni (*l'amiral de*).
Commines (Philippe de).
Cook (Jean).
Copernic.
Corneille (Pierre).
Cornelissen (Antoine).
Cospéan (Philippe).
Costa (Christopha).
Craton (Jean).
Cromwel (Olivier).
Cruciger (Gaspard).
Cuspinien.

Germanicus.
Gesner (Albert).
Gesner (Conrad).
Gesner (Jean).
Gest (Corn. van der).
Gévart (Gaspard).
Goclenius.
Goldoni.
Goltius (Henri).
Gonzague.
Græyius.
Graham (Jacques), *marquis de Montrose.*
Grégoire XIII.
Grotius (Hugues).
Grünbuelt (Arnold de).
Grynée.
Gustave Adolphe, *roi de Suède.*
Guyon (madame).
Guzman (Philippe).

Habis (Gaspard).
Hagedorn.
Hagenbuch, *savant zuriquois.*
Haller (Bertholde).
Hamilton.
Harcourt.
Harder (Jean-Jacques).
Harnanus (Adrien-Junius).
Hebenstreit.
Héber (Paul).
Heidanus (Abraham).
Heinsius (Daniel).
Heller (Joachim).
Helmont (Jean-Baptiste van).

Helvétius, *auteur du livre de l'Esprit.*
Henninius (Maximilien).
Henri II, III et IV, *rois de France.*
Henri VIII, *roi d'Angleterre.*
Herwig.
Hesse (Philippe, *landgra. de*).
Hofmann (Jean).
Holbein.
Homère.
Hondius (Guillaume).
Horne (Jean de).
Hosennestel (Abraham).
Hospital (Michel de l').
Hottes.
Houbrake, *le graveur.*
Howard (Thomas I), *duc de Norfolk.*
Howard (Charles).
Hutten (Ulric de).
Hyperius (Gérard-André).

Janin (Pierre).
Jansenius (Corneille).
Jean d'Autriche, fils de Charles V.
Jean, fils de Rodolphe II.
Jean III, *roi de Suède.*
Indagine (de).
Innocent X.
Johnson (Samuel).
Jordan (*le duc* Paul).
Junius (Adrien).
Junius (François).

Junius (Robert).
Junker (Jean).

Karschin.
Kemnitz (Joachim).
Kilian.
Kircher (Athanase).
Kleinavius (Jean).
Kneller, *peintre.*
Knipperdolling.
Knox (Jean).
Konigsmarck (Jean-Christophe).
Krafft (Frédéric).
Kress de Kressenstein.
Kupezky, *peintre.*

Laar (Pierre de).
Labadie.
Lactance (Lucius-Coelius-Firmianus).
Ladislas VI, *roi de Pologne.*
Lake (Arthur).
Lancre (Christophe van der).
Lanfranc (Jean).
Langecius (Herman).
Lasko (Jean de).
Latome (Jean).
Lavater (Louis).
Laurentius (André).
Lautenbach.
Leibnitz.
Lenfant (Jacques).
Léon X.
Léopold Ier, *empereur.*
Leyden (Lucas de).
Linguet.
Liorus (Jean).
Lithoust.
Locke.
Longueval (Charles de).
Lonicerus (Jean).
Lorrain (François de).
Lotichius (Pierre).
Louis XIII et XIV, *rois de France.*
Loyola.
Lucius Verus.
Ludlow (Edmund).
Lulle (Raimond), surnommé le *Docteur illuminé.*
Luther.
Lutma.

Malherbe.
Mallebranche.
Mansfeld (Ernest de).
Manuce (Paul).
Maraldi.
Marbach (Jean).
Marillac (Louis de).
Marlborough.
Marlorat.
Marnix (Philippe de).
Marot (Clément).
Marthe (Scévole de Sainte-).
Mattheson, *musicien.*
Matthias I, *empereur.*
Matthias (Thomas).
Mauritius (Magnus).

Maximilien I et II, *empereurs.*
Maximilien, *landgrave.*
Mazarin.
Meinuccius (Raphaël).
Melanchton.
Mendoza (François de).
Mercurialis (Jérôme).
Merian (Matthias).
Mettrie (la).
Meyr (Guillaume).
Michaelis (Sébastien).
Michel-Ange.
Mignard.
Millichius (Jacques).
Milton.
Minigre (Jean).
Molière.
Molinos.
Mompel (Louis de).
Monami (Pierre).
Moncade (François de).
Montagne.
Montantu (Didier de).
Montanusf.
Montecuculi (Raimond de).
Montesquieu.
Montmorency (Henri, *duc de*).
Moreuil.
Morgagni.
Mornay (Philippe de).
Mothe (François de la).
Moulin (Charles du).
Müntzer (Thomas).
Muret (Pierre).
Musculus (André).
Musschenbroeck.

Nassau { Adolphe. / Amélie. / Jean. / Guillaume-Louis. }
Nerli (Frédéric), *le cardinal.*
Néron.
Newton.
Niger (Antonius).
Noort (Adam de).

Oddo de Oddis.
Olendartus (Jean).
Orange { Guillaume I. / Frédéric-Henri. / Marie. }
Orléans (Louis d').
Ortélius (Abraham).
Ostermann (Pierre).
Osterwald.
Oximanus (Nicolas).

Paauw (Adrien).
Paauw (Regnier).
Palamèdes Palamedessen.
Palatin (Jean-Casimir).
Paracelse (Théophraste).
Paréus (David).
Pascal.
Patin (Gui).
Paul V, *pape.*
Peier (Hartman).
Peiresc (Fabrice, *seigneur de*).

Pelisse.
Pellican (Conrad).
Pepin (Martin).
Perefixe (Hardouin de Beaumont de).
Perera (Emanuel-Frocas).
Perkins (Guillaume).
Perrault (Claude).
Peruzzi (Balthasar).
Petit (Jean-Louis).
Petri (Rodolphe).
Pfauser (Sébastien).
Pfeffinger (Jean).
Philippe-le-Hardi, *roi de France.*
Philippe-le-Bon, *duc de Bourgogne.*
Piænus.
Pierre Ier, empereur de Russie.
Pierre-le-Martyr.
Piscator (Jean).
Pithou (François).
Platon.
Pontorme (Jacques).
Pope.
Porta (Jean-Baptiste).
Portocarrero, *le cardinal.*
Postrius (Jean).
Ptolomée (Claude).
Pulmanius (Melchior).
Puteanus, ou du Puy (Eric).
Puttnam (Israël).

QUESNEL.
Quesnoy.

RABELAIS.
Ramus, ou la Ramée (Pierre).
Rantzau (Daniel et Henri).
Raphaël.
Raphelengius (François).
Razenstein.
Retz (*le cardinal de*).
Rhenferd (Jacques).
Ricciardi (Thomas).
Richelieu (*le cardinal de*).
Rigaud (Hiacynthe).
Rodolphe II, *empereur.*
Romain (Jules).
Rombouts (Théodore).
Rondelet (Guillaume).
Rose (Salvator).
Rosso, nommé maître Roux.
Rousard.
Rouse (Gérard).
Rubens.
Rufus.
Ruysch.

SACHS (Hanns).
Sachtleven (Corneille), *peintre.*
Sapianus (Pierre).
Sarcerius (Érasme).
Savavarole.
Savoie (François-Thomas de).
Savoie (Charles-Emmanuel de).
Saurin.
Sayra (*l'abbé*).
Sonnenfels.

Scaglia (César-Alexandre).
Scalichius (Georges).
Scarron (Paul).
Scheuchzer (Jacques).
Schmidt de Schwarzenhorn.
Schomberg (Fréd.-Arnaud de).
Schopflin (Daniel).
Schorer (Léonard).
Schramm (Gottlieb-Georges).
Schutt (Corneille).
Schuill.
Schwenckfeld (Gaspard de).
Scott (Thomas).
Scudéri (Magdeleine de).
Seba (Albert), *le naturaliste.*
Sebizius (Melchior).
Seghers (Gérard).
Seide (François).
Septalius (Manfried).
Servien (Abel).
Seymour (Edouard).
Sixte V.
Skadey.
Sleidan (Jean).
Snell de Royen (Rodolphe).
Socrate.
Sophocle.
Sorbonne (Robert de).
Sortia.
Spanheim (Frédéric).
Spener (Philippe-Jacques).
Spinola.
Spinosa (Ambroise).
Stænglin (Zacharie).
Straward (Jean).
Sturm von Sturmegg.
Swift.

Tabourin (Thomas).
Tassis (Antoine de).
Thaulère (Jean).
Thou (Jacques-Auguste de).
Thoyras (Rapin de).
Tindall.
Tintoret (Jacques-Robusti).
Titien (le).
Titus Vespasianus.
Toletanus (Ferdinand).
Toulouse (Montchal de).
Trellcatius (Lucas).
Turneyser (Léonard).

Uden (Lucas d').
Ulrich (Jacques).
Ursinus (Zacharie).
Ursius (Honorius).

Vagius (Paul).
Valette (Jean-Louis Nogaret de la), *duc d'Épernon.*
Valeus (Jean).
Vatable (François).
Velius (Jules-César).
Verger (Pierre-Paul).
Vésale.
Vespasien.
Vespuce (Améric).
Viaud (Théophile de).
Vieta (François).
Vilani (François).

Villeroi (*le marquis de*).
Vitré (Antoine).
Vivès (Louis).
Vocco (Jean).
Volckamer (Jean-Georges).
Voltaire.
Volterre (Daniel-Ricciarelli de.).
Vopper (Léonard).
Vos (Simon de), *graveur*.
Vosterman (Lucas).
Vouet.
Vulkanius (Bonaventure).

Warin (Jean).
Wasener (Jacob).
Weinlobius (Jean).
Weis (Léon.), d'Augsbourg.
Werenfels (Samuel).
Wildens (Jean).
Willis (Richard).
Wolf (Chrétien de).
Wolfenbuttel, *le duc* Antoine-Ulric.
Wolfgangus (Lasius).
Wurtemberg (Eberhard, *duc de*).

Zanchius (Jérôme).
Zignagni (Charles).
Zinzendorf.
Zisca (Jean).
Zuingle.

IV.

DE L'ACCORD DE LA PHYSIOGNOMONIE AVEC LA CHARITÉ ET LA BIENVEILLANCE.

Je me propose dans cet ouvrage d'exciter l'homme à connaître et à chérir ses semblables.

Pourrai-je remplir à-la-fois ce double objet? La connaissance de l'homme ne détruit-elle pas l'amour du prochain, ou du moins ne l'affaiblit-elle point? La plupart des hommes ne perdent-ils pas à être vus de trop près? et, s'ils perdent à cet examen, comment l'amour du prochain y gagnera-t-il? Un observateur habile, en découvrant de nouvelles imperfections chez les hommes, ne doit-il pas les trouver moins aimables? et, s'occupant de la recherche des perfections, ne sera-t-il pas d'autant plus frappé des défauts; lui qui va à la recherche de tout ce qu'il y a de beau, de noble et de parfait dans ses semblables?

Il y a du vrai dans cette remarque, mais elle est du genre de ces propositions qui, n'étant vraies que dans un sens, deviennent une source inépuisable d'erreurs et de méprises.

On ne peut nier sans doute que la plupart des hommes perdent à être vus de trop près; mais il n'est pas moins certain d'un autre côté qu'ils gagnent souvent à être mieux connus, qu'ils y gagnent même plus qu'ils n'y perdent.

Il n'est pas question de ces hommes, en supposant

qu'il en existe de tels, qui *ne pourraient que gagner* à être parfaitement connus. Je ne parle que de ceux qui auraient beaucoup à perdre dans l'opinion des autres, si la connaissance de l'homme plus approfondie devenait aussi plus générale.

Quel est l'homme assez sage pour n'avoir jamais commis d'imprudence? assez vertueux pour n'avoir jamais eu à se reprocher une mauvaise action? ou du moins quel est l'homme dont les intentions sont toujours droites, toujours pures? Je crois donc, si on en excepte un très-petit nombre, qu'en général les hommes perdent à être connus.

Mais je prétends prouver aussi d'un autre côté que tous les hommes gagnent à être connus, et par conséquent que la connaissance de l'homme est compatible avec l'amour du prochain; bien plus, qu'elle doit donner à ce sentiment une nouvelle énergie.

Une étude attentive de l'homme nous apprend non-seulement ce qu'il n'est pas et ce qu'il ne peut parvenir à être; elle nous en indique aussi la raison, et nous apprend encore ce qu'il est et ce qu'il peut devenir.

Une connaissance imparfaite de l'homme est le principe de l'intolérance. Quand nous savons pourquoi tel homme pense et agit comme il le fait, c'est-à-dire, lorsque nous nous mettons en sa place, ou plutôt quand nous savons nous approprier en idée la structure de son corps, sa figure, ses sens, son tempérament, sa sensibilité, toutes ses actions ne s'expliquent-elles pas plus aisément? ne nous paraissent-elles pas beaucoup plus simples, plus naturelles? Ainsi l'intolérance doit cesser à l'égard de tout homme dont la nature individuelle est bien connue; et dès-lors la compassion succède à la sévérité, l'indulgence à la haine.

Ce n'est pas que je veuille justifier les défauts, bien moins encore favoriser le vice; non, ce que je dis est conforme à certaines règles d'équité généralement reçues. C'est ainsi, par exemple, que la colère, qui naît du ressentiment, d'un outrage, paraît plus excusable chez un homme vif, que chez celui qui est d'un tempérament flegmatique.

Mais ce n'est pas à cet égard seulement que la connaissance physiognomonique de l'homme devient avantageuse aux vicieux : il y gagne encore d'une autre manière.

De même que l'œil du peintre saisit mille petites nuances, mille reflets qui échappent à des yeux moins exercés, de même le physionomiste sait découvrir dans l'homme des perfections actuelles et possibles, que n'aperçoivent point ceux qui sont portés à mépriser, à calomnier le genre humain, et qui demeurent souvent cachées, même aux regards de ceux qui jugent les hommes avec le plus d'indulgence.

Je parle d'après l'expérience. Le bon que j'observe dans l'homme, comme physionomiste, me dédommage pleinement de tout le mauvais que j'y aperçois aussi, et sur lequel je garde le silence. Plus j'examine les hommes, plus j'y trouve un juste équilibre de force, plus je me persuade que la source de leurs vices est bonne en elle-même, c'est-à-dire, que ce qui les rend méchans est une force, une activité, une irritabilité, une élasticité, dont la non existence préviendrait sans doute beaucoup de mal, mais en même temps empêcherait que beaucoup de bien ne se fît; dont l'existence, il est vrai, donne lieu à beaucoup de mal, mais renferme la possibilité d'un bien infiniment plus grand encore.

A la moindre faute que commet un homme, s'élève une clameur universelle qui noircit tout son caractère, qui le flétrit, qui le perd de réputation. Le physionomiste regarde celui que tout le monde condamne et.... — Encense le vice? — Non. — Excuse le vicieux? — Tout aussi peu. — Que fera-t-il donc? — Il vous dira tout haut ou à l'oreille : Agissez avec cet homme de telle et telle manière, et vous serez surpris des progrès qu'il pourra faire dans le bien. Il n'est pas aussi pervers qu'il le paraît; son visage vaut mieux que ses actions. Celles-ci cependant sont écrites sur sa physionomie; mais ce qu'on y découvre plus distinctement encore, c'est l'énergie, la sensibilité, la flexibilité de ce cœur maintenant égaré. Donnez à cette énergie qui a produit le vice, d'autres objets, une nouvelle direction, et vous verrez qu'elle produira des vertus héroïques. En un mot, le physionomiste fera grace, tandis que le juge le plus humain, mais qui ne connaît pas les hommes, prononcera condamnation. Quant à moi, tel a été l'effet de l'étude des physionomies, qu'en apprenant à connaître de plus près nombre d'excellens hommes, mon cœur s'est réjoui, récréé, agrandi à l'idée des vertus de mes semblables, et que je me suis réconcilié depuis avec le reste du genre humain. Ce que je rapporte ici est exactement conforme à l'expérience, et chaque physionomiste qui est homme l'éprouvera comme moi.

De même que l'aspect des maux physiques excite, nourrit, échauffe la pitié, de même aussi la dépravation de l'humanité, vivement aperçue et sentie, remplit le cœur d'une compassion noble et sage. Et qui pourrait en être plus susceptible que le vrai physionomiste? Sa compassion est de l'espèce la plus noble; car elle se rapporte immédiatement à la misère cachée, mais profonde, qu'il découvre dans l'homme; misère qui n'est point hors de lui, mais en lui. Sa compassion est sage; car, sachant que le mal est interne, il n'a point recours à de vains palliatifs, et les remèdes qu'il emploie, attaquent et détruisent le mal dans sa racine.

Je terminerai ce fragment par un passage tiré des écrits d'un célèbre auteur; ce morceau, qui semble fait pour être placé ici, peut servir à confirmer ou à réfuter ce qu'on vient de lire.

« Momus prouva bien qu'il était le dieu de la folie, quand il proposa de placer une fenêtre devant le cœur de l'homme. Si le projet s'était exécuté, les gens de bien en auraient seuls souffert, et en voici la raison.

» Les méchans, naturellement disposés à mal penser d'autrui, ne se figurent pas que les autres hommes valent mieux qu'eux; et comme ils ne cherchent pas à se nuire les uns aux autres, et qu'ils ont intérêt de se ménager réciproquement, ils ne risquent rien à être pris sur le fait par ceux qui leur ressemblent.

» Les gens de bien, au contraire, sont toujours portés à bien juger d'autrui, et la bonne opinion qu'ils ont du genre humain contribue tellement à leur félicité, qu'ils deviendraient infailliblement malheureux, si une fenêtre placée devant le cœur de l'homme, détruisait tout-à-coup cette douce illusion, pour y substituer la triste certitude qu'ils ont autour d'eux des traîtres et des méchans. Donc les gens de bien auraient été le plus à plaindre, si le projet de Momus avait pu s'effectuer. »

Sans doute, ames honnêtes, il vous en coûtera d'amères larmes en découvrant que les hommes sont plus méchans que vous ne l'aviez cru; mais souvent aussi vous répandrez des larmes de joie en reconnaissant qu'ils sont meilleurs que vous ne le pensicz, lorsque vous ajoutiez foi à la calomnie qui les défigure, ou aux jugemens téméraires qui les condamnent.

V.

PASSAGES TIRÉS DE DIFFÉRENS ÉCRIVAINS, AVEC LES REMARQUES DE L'AUTEUR.

I. *Bacon.*

« 1. L'ÉDUCATION et les principes de la vertu rectifient souvent nos premiers penchans et nos dispositions naturelles.

» 2. On dirait que les hommes disgraciés de la nature cherchent à se venger de l'affront qu'ils en ont reçu. D'où vient qu'ils sont pour l'ordinaire difficiles, querelleurs ou moqueurs? Est-ce qu'ils sentent le ridicule perpétuel où ils se voient exposés, et que l'amour-propre, qui ne veut rien perdre, prend sa revanche du côté de la raillerie et de la vengeance; ou qu'en effet ils auraient reçu du courage en dédommagement? Quoi qu'il en soit, comptez que si vous avez un travers dans l'esprit ou dans le corps, le sot ou l'homme laid seront les premiers à le remarquer.

» La laideur désarme les soupçons et l'envie des grands, qui regardent ordinairement un personnage difforme comme un être dont ils n'ont rien à craindre.

» Celui qui cache un grand génie sous un dehors manqué, parviendra d'autant plus sûrement, que ses compétiteurs ne le redoutent pas. Peut-être est-ce la laideur qui a ouvert à plusieurs grands hommes la carrière des honneurs.

» On s'étonne que des empereurs aient pris des eunuques pour favoris ; mais, outre que des gens faibles par eux-mêmes et méprisés de tout le monde, en sont plus attachés à leur unique appui, ne voit-on pas, ou qu'ils les recherchaient pour l'agrément de la conversation, ou qu'ils en faisaient des confidens, des espions, des délateurs, et jamais des ministres ?

» La vertu ou la méchanceté sont les armes des hommes contrefaits. Ces deux ressorts peuvent en faire des hommes extraordinaires. Agésilas, Zangar, fils de Soliman, Ésope, Gasca, gouverneur du Pérou, et peut-être aussi Socrate, en sont des exemples. »

Toutes les personnes de ma connaissance qui sont ou contrefaites ou d'une organisation faible, se ressemblent par trois endroits. Elles mettent beaucoup d'exactitude et de netteté dans leurs écritures, dans leurs comptes et dans l'arrangement de leurs affaires domestiques ; elles réfléchissent tranquillement à tout ; elles ont de la répugnance pour les exercices violens. On peut ajouter encore qu'avec un tempérament froid, elles se laissent aller aisément à des mouvemens impétueux.

« Ceux qui sont dans le malheur, dit Térence, sont pour l'ordinaire d'un caractère soupçonneux ; ils croient toujours avoir à essuyer des mortifications et des mépris, et c'est le sentiment de leur faiblesse qui fait naître cette défiance.

» 3. Il y a six voies différentes par lesquelles nous arrivons à la connaissance de l'homme ; c'est en étudiant, 1° les traits de son visage, 2° son langage, 3° ses actions, 4° ses inventions, 5° ses vues, 6° ses liaisons. Quant aux traits du visage, l'ancien proverbe *fronti nulla fides* ne doit point nous dérouter. Ce mot peut être vrai jusqu'à un certain point à l'égard de quelques mouvemens arbitraires de la physionomie ; mais il n'en est pas moins décidé que la bouche, les yeux, les linéamens du visage, ont un jeu et des variations infiniment délicates, qui ouvrent, pour ainsi dire, selon une expression fort naïve de Cicéron, une porte à l'ame. Personne n'a jamais poussé plus loin que Tibère l'art de dissimuler, et cependant voici comment Tacite a caractérisé le style du panégyrique que cet empereur prononça dans le sénat en l'honneur de Germanicus et de Drusus. « En parlant de Germanicus, dit l'historien latin, ses expressions étaient beaucoup trop » recherchées et trop maniérées pour que le cœur pût y » avoir part. Il s'étendit moins sur les louanges de Dru» sus, mais il y mit d'autant plus de vérité et de cha» leur. » Tacite nous apprend ailleurs que ce même Tibère se montrait quelquefois à découvert et dans son naturel. « Son langage était presque toujours affecté ; » mais lorsqu'il quittait la dissimulation, il s'exprimait » d'une manière naturelle et aisée. » En effet, quelque habile et quelque versé que soit un homme dans l'art de se déguiser, il lui sera pourtant difficile de se rendre entièrement le maître de sa physionomie ; et, dans un discours où d'un bout à l'autre il est obligé de masquer ses véritables sentimens, son style se ressentira de la gêne où il se trouve : il sera tantôt vague et confus, tantôt froid et languissant, et toujours embarrassé. »

Je vais plus loin, et j'étends même cette remarque jusqu'aux sons de voix, que je partage en trois classes différentes. Ils seront ou traînans, ou forcés, ou naturels, c'est-à-dire, articulés sans effort ni paresse. D'après cette distinction si simple, chaque espèce de son de voix me paraît significatif en ce qu'il indique un caractère qui est ou en-deçà, ou au-delà, ou au niveau du vrai.

« 4. L'amour et l'envie sont les seules affections de l'ame qui semblent agir sur nous par une espèce d'enchantement. L'un et l'autre produisent des passions fortes; l'un et l'autre influent promptement sur l'imagination et sur les sens, l'un et l'autre se peignent dans le regard, sur-tout en présence de l'objet qui les excite. Dans l'Écriture, l'envie est désignée sous le nom de *mauvais œil*; et parmi les effets de cette passion on a cru remarquer un clignement et un certain rayonnement des yeux. Quelques curieux, poussant plus loin leurs observations, ont prétendu que ce mouvement des yeux devient encore plus sensible et plus haïssable, lorsque l'objet de notre envie paraît devant nous dans un état de gloire et de prospérité. Les succès de nos rivaux nous aigrissent davantage si nous en sommes témoins; et la supériorité qu'ils semblent nous faire sentir irrite de plus en plus notre amour-propre.

» 5. Les personnes contrefaites ou mutilées, les vieillards et les bâtards, sont ordinairement enclins à l'envie. Incapables d'améliorer leur état, ils tâchent de nuire autant qu'ils peuvent à ceux qui se trouvent dans une situation plus heureuse que la leur. La règle souffre cependant des exceptions, lorsque les défauts extérieurs se joignent à une ame élevée. On a vu plusieurs grands hommes chercher un surcroît de gloire dans les imperfections de leur corps. L'idée que l'histoire transmettrait à la postérité qu'un eunuque, qu'un boiteux s'était signalé par les plus brillans exploits; cette idée aiguillonnait leur courage. L'eunuque Narsès, Agésilas et Tamerlan, l'un et l'autre boiteux, en fournissent des preuves.

»6. La vertu, semblable à l'escarboucle, n'a de prix et d'éclat qu'en elle-même; l'enchâssure de la beauté ne la relève point: rarement se rencontrent-elles ensemble, comme si la nature avait plutôt évité de faire des monstres, qu'aspiré à produire des chefs-d'œuvre. La politesse et l'élégance sont les compagnes de la beauté; mais l'élévation du cœur et du génie n'entre point dans cet assortiment. Il y a cependant des exceptions à faire. Auguste, Tite, Philippe le Bel, roi de France, Édouard IV, roi d'Angleterre, Alcibiade l'Athénien, et Ismaël le Persan, étaient en même temps célèbres par leurs grandes qualités et par leur beauté.

»La beauté demande la proportion des traits plutôt que le brillant des couleurs, et les graces avant la régularité : elle consiste dans ce charme sympathique qui plaît à tout le monde, on ne sait pourquoi; dans cette harmonie enchanteresse que tout l'art de la peinture ne saurait rendre efficacement.»

L'auteur confond ici les graces avec la beauté. Il a voulu parler ou des graces, qui proviennent du mouvement des traits accidentels, ou de la beauté, qui consiste dans le repos de ces traits accidentels.

» Même dans les corps animés, ces graces ne frappent pas toujours au premier abord. D'ailleurs il n'y a point de beauté, quelque parfaite qu'elle paraisse, qui n'offre des défauts ou des disproportions dans l'ensemble. Il serait donc difficile de décider lequel des deux s'y est pris le plus maladroitement, d'Apelles ou d'Albert Durer, dont l'un dessinait ses figures d'après des proportions géométriques, et l'autre choisissait dans différens modèles une ou plusieurs belles parties, pour en composer un bel ensemble. De pareilles figures ne devaient faire que des beautés de fantaisie. »

La régularité ne fait point la beauté, mais elle en constitue la base essentielle. Sans régularité, il ne saurait y avoir de beauté organisée, ou du moins cette beauté, si elle pouvait exister, ne produirait jamais au premier instant ces effets heureux qui résultent d'une symétrie agréable et de la justesse des proportions. Le corps humain s'annonce comme un tout régulier. La moindre petite irrégularité fait un tort réel à sa beauté. D'un autre côté, je conviens que le plus haut degré de correction ne fait pas encore la beauté, ou plutôt, ne suffit pas seul pour décider une belle forme. Durer avait bien raison de mesurer ses figures. Ce que Dieu a mesuré, peut être hardiment mesuré après lui. Jamais, sans les dimensions, un dessinateur ne sera sûr dans son art : jamais il ne rendra la nature avec vérité ; jamais il ne sera *oraculorum divinorum interpres.* Mais si l'on suppose que, par ses proportions géométriques,

Durer ait cru produire nécessairement la beauté, et qu'avec le seul secours du compas il se soit flatté de l'atteindre, alors sans doute, il mérite le nom de *nugator*, mais non pas autrement. Un jugement aussi vague n'aurait pas dû échapper à un philosophe tel que Bacon. Qu'est-ce que la philosophie ? C'est la connaissance déterminée et déterminable de ce qui est; c'est la fixation précise des rapports. Or qui sera philosophe, si le peintre et le dessinateur ne le sont pas ; eux qui sont appelés à étudier l'homme, l'objet le plus important de nos connaissances et de nos observations ; et à déterminer avec la plus grande vérité les rapports de sa forme ?

L'autre remarque de Bacon, sur la manière de composer un bel ensemble de diverses parties isolées, me paraît beaucoup plus juste et plus judicieuse.

« Je ne saurais m'imaginer, continue notre auteur, qu'un peintre soit jamais en état de produire des formes plus belles que nature. Ses idées les plus heureuses, il ne les doit pas (exclusivement) aux règles de l'art : souvent elles lui sont fournies par une espèce de hasard, et par des combinaisons imprévues. Il est des figures dont les détails, vus de près et séparément, nous plairont à peine, et nous paraîtront cependant admirables dans l'ensemble. »

Oui, mais nous admirerions encore davantage, si chacun de ces détails était beau en lui-même. La méprise de Bacon, comme la plupart des méprises en général, provient de ce qu'il a confondu deux choses qui ne sont qu'analogues, la beauté et les graces. Celles-ci peuvent se passer à la rigueur de la perfection du dessin, mais celle-là l'exige de toute nécessité.

« S'il est vrai (ce qui pourtant n'est pas) que la beauté consiste principalement dans la noblesse et la décence des mouvemens (et le choix des formes), on ne s'étonnera pas qu'un vieillard nous paraîtra quelquefois plus aimable qu'un homme à la fleur de l'âge. »

Plus aimable, si l'on veut, mais jamais plus beau.

II. *Observations d'un ami de l'auteur.*

« 1. Tout mouvement de colère fréquemment répété, s'annonce par des sourcils épais, qui ont l'air de s'enfler. »

Je dirais plutôt que dans le voisinage des sourcils il y a certains muscles qu'on peut regarder comme des marques positives d'une humeur colère. Sans cette modification, l'observation de notre auteur serait démentie par l'expérience; car il y a une multitude de gens emportés et violens, auxquels je n'ai point trouvé le signe dont il parle.

« 2. L'orgueil alonge la forme et les muscles du visage. »

Il les étend ou bien il les resserre. Le premier cas annonce les petitesses de la vanité; le second suppose les passions plus fortes et plus réfléchies.

« La joie et les vertus sociales remettent les muscles, et rendent au visage sa rondeur naturelle.

» 3. Si l'on peut juger du caractère par les mouvemens et la démarche, je parierais toujours cent contre un qu'une démarche balançante indique un homme paresseux et suffisant, sur-tout s'il branle en même temps la tête.

» 4. J'aime les fossettes que forme le rire sur la joue : ces traits physiques ont, selon moi, un rapport moral, mais ils sont de plusieurs espèces. Plus le creux approche d'un demi-cercle qui se forme vers la bouche, plus il semble annoncer d'amour-propre et devient désagréable : au contraire, plus il va en ondoyant ou en serpentant, plus il est gracieux.

» 5. L'ouverture de la bouche ne saurait être assez étudiée. Ce seul trait caractérise l'homme tout entier ; il exprime toutes les affections de l'ame, qu'elles soient naïves, ou tendres, ou énergiques. On pourrait écrire des *in-folio* sur la diversité de ces expressions, mais il vaut mieux s'en remettre au sentiment immédiat de l'observateur qui fait son étude de l'homme. »

Et cependant un dessinateur physionomiste parviendra, avec le temps, à déterminer ces différences jusqu'à un certain point.

« Je crois retrouver le siége de l'ame, mieux que par-tout ailleurs, dans les muscles voisins de la bouche : ils ne se prêtent pas au moindre déguisement ; voilà pourquoi le visage le plus laid cesse de nous déplaire dès qu'il conserve encore dans cette partie quelques traits agréables ; voilà pourquoi rien ne répugne autant à un homme bien organisé, qu'une bouche de travers. »

Rien n'est plus vrai ; mais la bouche n'en est pas

moins le siége principal de la dissimulation. Et où ce vice se peindrait-il mieux que dans la partie la plus mobile du visage, dans celle qui reçoit plus facilement que toutes les autres l'empreinte de nos passions?

III. *Buffon.*

De tous les adversaires qu'a trouvés la physiognomonie, M. de Buffon est certainement un des plus imposans, mais il est en même temps un des moins redoutables. Un homme comme lui, à qui n'en imposerait-il pas; lui qui sait observer et apprécier avec tant d'esprit et de sagacité les perfections et les imperfections de la nature; lui qui a fait une étude particulière des physionomies nationales et des caractères nationaux? M. de Buffon, la gloire et l'ornement de la littérature française, se déclare contre la physiognomonie!....... Que peut-on dire de plus fort au désavantage de cette science? elle doit se réduire à rien dès qu'un Buffon n'en fait pas de cas. Cependant, soit dit avec tous les égards que mérite cet illustre auteur, lorsqu'un homme qui voit, qui sent et qui écrit comme lui, ne combat une science que par des décisions arbitraires, on peut avancer, je crois, sans lui manquer, qu'il est un adversaire peu redoutable. Au reste, nous reviendrons volontiers de ce préjugé, si, après un mûr examen, le lecteur n'est pas de notre opinion. Pour cet effet, lisons.

« Comme toutes les passions sont des mouvemens de l'ame, la plupart relatifs aux impressions des sens, elles peuvent être exprimées par les mouvemens du corps, et sur-tout par ceux du visage : on peut juger de ce qui se passe à l'intérieur par l'action extérieure, et connaître à l'inspection des changemens du visage la situation actuelle de l'ame. »

L'auteur reconnaît donc une pathognomonie ?

« Mais, poursuit-il, comme l'ame n'a point de forme qui puisse être relative à aucune forme matérielle, on ne peut pas la juger par la figure du corps ou par la forme du visage. »

On pourrait dire, si je ne me trompe, avec tout autant de fondement : *Mais comme l'ame n'a point de mouvement* (je prends ce terme dans le même sens physique qui appartient ici au mot forme, et je parle d'un mouvement en vertu duquel l'ame pourrait quitter une place et se transporter en une autre), *on ne peut pas la juger par les mouvemens du corps ou par les muscles du visage.*

« Un corps mal fait, reprend M. de Buffon, peut renfermer une fort belle ame. »

En doutera-t-on, pour peu qu'on connaisse et qu'on aime les hommes ? mais s'ensuivra-t-il que chaque visage mal conformé admette indistinctement toutes sortes de capacités, de facultés intellectuelles, de talens, parce que certains corps mal faits peuvent renfermer le talent et le génie ? faudra-t-il conclure de là qu'il n'y a point de corps mal fait qui exclue absolument ces qualités ? Pour se convaincre du contraire, il suffit de parcourir une maison de fous. De même que toutes les belles formes ne sont pas toujours habitées par un esprit éclairé, par une ame vertueuse, de même toutes les personnes mal conformées ne sont pas toujours stupides et vicieuses. Pourquoi M. de Buffon accordera-t-il à la nation anglaise plus de pénétration qu'à la laponne? et pourquoi décidera-t-il la question au simple coup-d'œil? Que répondrait-il à celui qui, mécontent de ce jugement, lui dirait ce qu'il dit lui-même : « L'on ne doit pas juger du bon ou du mauvais naturel d'une personne par les traits de son visage; car ces traits n'ont aucun rapport avec la nature de l'ame, aucune analogie sur laquelle on puisse fonder des conjectures raisonnables. Il est bien évident (et c'est là tout le fond du raisonnement), il est bien évident que les prétendues connaissances en physionomie ne peuvent s'étendre qu'à deviner les mouvemens de l'ame par ceux des yeux, du visage et du corps; et que la forme du nez, de la bouche et des autres traits ne fait pas plus à la forme de l'ame, au naturel de la personne, que la grandeur ou la grosseur des membres ne fait à la pensée. »

La grandeur et la grosseur des membres font certainement quelque chose à la pensée. Il y a des masses d'os et de chair qui sont absolument incompatibles avec une grande vivacité d'esprit; et, d'un autre côté, telles dimensions et telles formes des membres annoncent distinctement, et indépendamment du mouvement, une grande délicatesse de jugement et une conception facile.

« Un homme en sera-t-il plus spirituel parce qu'il aura le nez bien fait? en sera-t-il moins sage parce qu'il aura les yeux petits et la bouche grande? *Il faut donc avouer*.... (Une conséquence tirée avec si peu de justesse peut-elle faire preuve?) *Il faut donc avouer* que TOUT ce que nous ont dit les physionomistes est destitué de tout fondement, et que rien n'est plus chimérique que les inductions qu'ils ont voulu tirer de leurs prétendues observations métoposcopiques. »

Voilà un arrêt qui a tout l'air d'être prononcé sans connaissance de cause. Peut-on écrire avec ce ton d'assurance sur une matière qu'on ne s'est pas donné la peine d'approfondir? Peut-on rapprocher de la sorte les choses les plus disparates? premièrement, confondre la métoposcopie avec la physiognomonie, et ensuite les rejeter ensemble? Quoi, parce qu'il y a de la folie à vouloir prédire par les linéamens prétendus planétaires du front les maladies et les mariages, l'amitié et la haine, et l'avenir en général, il y aura de la folie aussi à dire qu'un front annonce plus de capacité qu'un autre! que le front de l'Apollon indique plus de sagesse, de réflexion, d'esprit, d'énergie et de sentiment, que le nez écrasé d'un Nègre! En vérité, ce raisonnement est peu philosophique et choque le simple sens commun. Rien ne serait plus aisé que de réfuter M. de Buffon par lui-même, et sur-tout par ce qu'il a écrit sur la différence des physionomies animales et des visages nationaux. L'inspection d'une suite de fronts. d'yeux, de nez et de bouches, suffit seule pour démontrer son erreur. Autrefois, il est vrai, on n'a que trop confondu la physiognomonie avec la métoposcopie ; et, parmi les auteurs anciens qui ont traité cette matière, à peine s'en trouve-t-il un seul qui ne soit aussi chiromancien. Leur autorité peut égarer la masse des lecteurs, mais on ne pardonne pas à un homme de génie tel que M. de Buffon, d'avoir amalgamé deux choses si prodigieusement différentes ; d'avoir compris dans la même proscription le vrai et le faux, une science ridicule et une science respectable. Vaudrait-il la peine, je ne dis pas de réfuter, mais seulement de citer, de lire ou de nommer celui qui croirait entrevoir dans la bouche et dans les yeux d'un Baskir ou d'un habitant de la Terre de Feu, les marques d'un esprit transcendant? Celui qui, sur l'augure de leurs physionomies, attendrait de ces sauvages une seule page écrite avec cette élégance que nous admirons dans les volumes nombreux de M. de Buffon? Personne ne serait plus révolté de cette idée que M. de Buffon lui-même, et cependant il ne craint pas de mettre en question : « Si un homme en sera moins sage parce qu'il aura la bouche grande? » Le meilleur moyen de sonder la vérité, c'est d'appliquer une maxime générale à des cas particuliers: or, je le demande, l'application des propositions de M. de Buffon, à quoi conduirait-elle?

Chaque page de mon ouvrage contient, pour ainsi dire, une réfutation de l'illustre auteur que je viens de citer, quoique ses écrits immortels nous offrent d'ailleurs tant de vérités bien aperçues, tant d'idées sublimes, tant de beautés inimitables. Qu'il ait soutenu une opinion qui est contredite par des expériences sans nombre, et à coup sûr par les siennes propres, je n'en diminuerai rien de la haute estime que je lui ai vouée. Seulement il me permettra de lui opposer quelques exemples que je choisirai au hasard, et qu'il serait facile de multiplier à l'infini.

Le visage d'Abraham von der Hulst, tel que le présente le contour du n° 1, n'a rien qui le distingue particulièrement; l'expression des traits en est sur-tout peu marquée, et, en général, il est bien moins caractéristique que chacune des trois têtes suivantes. Cependant le connaisseur le plus médiocre ne dira point que cette physionomie est celle d'un homme ordinaire. Le peu que nous découvrons du front la met déjà au-dessus du commun. Il en est de même des yeux et du nez, quoique cette dernière partie n'annonce pas un grand sens, et qu'elle n'ait rien de significatif ni de frappant. Un physionomiste tant soit peu habile reconnaîtra dans ce portrait un homme plein d'activité et d'énergie; et il en jugera ainsi par le contour qui s'étend depuis le front jusqu'au menton, par la chevelure, et sur-tout par l'entre-deux des sourcils. La bouche ne mérite aucune attention : l'expression en est trop vague et le dessin manqué.

Le second visage de l'estampe ci-jointe est bien plus caractéristique que le premier; malgré son grand calme et ses traits peu animés, il annonce une tournure d'esprit tout-à-fait différente. Dans ces paupières, dans ce nez, dans cette bouche et dans le contour extérieur de la tête, on aperçoit sans peine un homme sage, profond et clairvoyant. L'œil le moins exercé, et à plus forte raison l'œil observateur d'un Buffon, oserait-il soupçonner, d'après ces simples contours, d'après ces linéamens, d'après la forme de l'ensemble et de chaque partie séparée, qu'il est question ici d'un homme médiocre, superficiel ou étourdi?

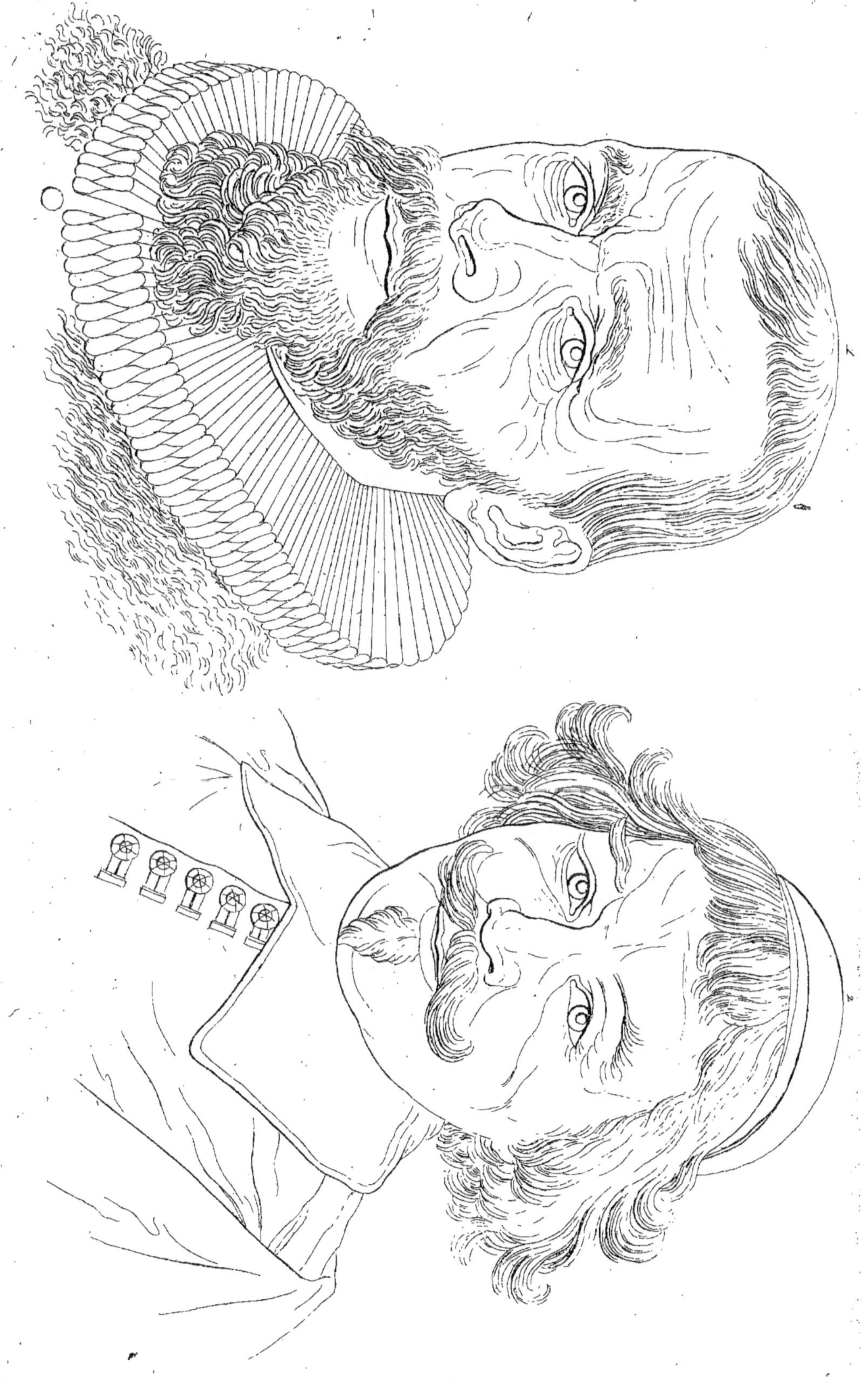

Voici encore deux visages dont la forme et le système osseux offrent des différences bien marquées ; ils prouvent de nouveau la signification positive de chaque trait de la physionomie, de chaque forme de tête, du contour de chaque partie, considérée même séparément. Voudra-t-on et pourra-t-on supposer que deux visages si diversement modelés se ressembleront par le caractère ? N'est-on pas forcé d'avouer que dans le n° 1, toute la figure, et je dirais presque le seul contour du nez, promet un esprit plus ferme, plus pénétrant que la tête n° 2 ? Celle-ci ne manque pas non plus de pénétration ; mais le simple contour des paupières décèle en même temps plus de feu et moins de réflexion. Tout porte ici l'empreinte d'une activité impatiente, qui se presse d'entamer une affaire, qui la pousse avec ardeur, et qui en détermine l'issue, ne laissant pas au temps le soin de la mûrir. Il suffit de comparer les nez de l'un et de l'autre portraits ; et, d'après un seul trait, ni M. de Buffon, ni un homme qui est à cent degrés au-dessous de M. de Buffon, n'accordera à Robert Junius cette prudence et cette fermeté d'ame, qui caractérisent particulièrement la physionomie de Louis de Dieu.

IV. *Pensées détachées, extraites d'un mémoire allemand.*

« Le véritable génie produit la chaleur et la sensibilité du tempérament. (Cette proposition serait tout aussi vraie dans l'inverse.) Il ne s'accorde point avec un naturel flegmatique et froid. Tous ses penchans, tous ses mouvemens sont rapides, violens, portés à l'extrême. »

Cette règle n'est pas générale. Le tempérament flegmatique n'est pas moins essentiel au génie que le tempérament colère. Un seul de ces tempéramens ne constitue pas le génie : pour composer celui-ci, il faut la réunion de tous les deux. C'est le concours de l'eau et du feu qui détermine l'irritabilité des nerfs, de laquelle tout dépend. Il arrive souvent que les gens les plus ardens sont totalement dépourvus de sensibilité et de génie, et l'on ne hasarde rien en disant d'un homme toujours bouillant, qu'il ne sera jamais susceptible d'un véritable enthousiasme. Un flegme absolu, j'en conviens, ne le favorise pas davantage ; mais l'expérience prouve cependant que ce même flegme qui nous fait passer sur mille choses dont un autre est affecté, ne nous empêche pas quelquefois de nous attacher vivement à tel objet particulier qui a échappé à l'attention générale. Dirigé alors vers ce côté, l'homme le plus flegmatique prend l'essor du génie et se sent inspiré jusqu'à un certain point. Je connais des gens excessivement froids qui sont inépuisables en idées neuves et originales. Il y aurait donc de l'injustice à leur refuser le génie, et il y aurait aussi de l'erreur à le regarder comme la suite nécessaire d'un caractère vif et ardent. La froideur en elle-même n'est pas plus le contraire du génie, que la chaleur n'en est l'indice certain. Peut-être même la réunion de ces deux extrêmes ne suffit-elle pas encore pour faire le génie ; on serait tenté de croire que cette étincelle divine jaillit du choc des quatre tempéramens, qui se heurtent et s'irritent réciproquement.

« Les plaisirs et les souffrances de l'homme de génie ne ressemblent point aux plaisirs et aux souffrances du commun des hommes. Il sent les uns et les autres avec une délicatesse que ceux-ci ne connaissent pas, et qu'ils ne peuvent même concevoir. »

Les choses qui tiennent au génie ne se conçoivent point. L'effet en est sous nos yeux : il est évident, palpable ; mais la cause reste cachée, quelque peine qu'on se donne pour y remonter. Il en est du génie comme de la religion, laquelle ne s'enseigne point. (Je ne parle point de la théologie, mais du sentiment immédiat des vérités divines ; non d'un article du symbole que nous avons appris par cœur, mais de cette foi suprême qui nous donne la certitude de la vie future.) Tout ce qui est divin veut être senti. La foi ne s'acquiert ni par des démonstrations ni par des efforts d'esprit, et nous sommes tout aussi peu en état de concevoir ou de discuter la propriété et l'essence du génie. Discuter ses productions, vouloir expliquer et prouver ce qui les caractérise, c'est vouloir démontrer l'existence de ce qui est. Ce n'est point par une froide analyse qu'on fera apercevoir les beautés d'une physionomie à celui qui ne les avait pas senties auparavant. Quiconque s'érige en défenseur du génie n'est certainement pas un homme de génie ; et celui qui l'oblige à prendre cette défense, est à coup sûr un esprit faible.

Nos littérateurs modernes, avec tous leurs préceptes, leurs règles et leurs pointilleuses critiques, ont-ils pu proscrire un seul des traits de génie dont Milton et Shakespear sont remplis ? Un aveugle-né se formera aussitôt l'idée de la lumière, que l'homme sans génie apprendra à sentir comme celui qui en a. Appliquez cette remarque à notre sujet. Ce qui caractérise la physionomie d'un homme de génie, ce qui en constitue l'originalité, est souvent un certain je ne sais quoi, que l'on ne peut ni définir ni expliquer, qui nous attire ou qui nous repousse. Pour le sentir, pour en recevoir les impressions, il faut avoir des organes capables d'en être affectés ; aussi échappe-t-il sans cesse au pinceau du plus habile artiste.

« Un tempérament sanguin et pétillant est favorable au génie. Ce tempérament donne au caractère de la vivacité et de l'enjouement ; mais quoiqu'une humeur vive et gaie ne soit pas incompatible avec le génie, je crois néanmoins qu'une douce et sublime mélancolie est une des marques les plus distinctives et les plus sûres auxquelles on peut le reconnaître. Cette disposition est réellement sa compagne inséparable. (Je l'appellerais volontiers la mère du génie.) Elle donne au fond de son caractère une teinte de gravité et de recueillement qui prédomine sur sa gaieté naturelle et qui la retient. »

V. *Passages tirés de Nicolaï.*

« 1. Ce qu'il y a d'irrégulier et de vicieux dans une forme, peut également provenir de causes externes et de causes internes ; mais la régularité résulte uniquement d'un parfait accord entre les causes qui agissent au dedans et celles qui agissent au dehors. Voilà pourquoi la physionomie découvre plutôt le bon que le mauvais côté du caractère moral. »

Oui, mais il faut excepter les momens où nous sommes agités par des passions qui nous portent au mal.

« 2. Le but du physionomiste n'est pas seulement de deviner le caractère de l'individu : il tend plutôt à acquérir une connaissance générale des caractères. »

C'est-à-dire qu'il s'attache à trouver des signes généraux pour toutes sortes de facultés et de sensations ; mais il s'agit ensuite d'appliquer à l'individu ces signes généraux, sans quoi ceux-ci ne nous seraient d'aucune utilité ; la plupart de nos relations nous mettant dans le cas de traiter de particulier à particulier.

» 3. Si l'on dessinait d'année en année le portrait d'une même personne bien connue, on serait à même de faire des comparaisons auxquelles la physiognomonie gagnerait beaucoup. »

Encore faudrait-il se borner à des silhouettes ou à des plâtres ; car il serait difficile de trouver un dessinateur qui fût assez observateur et assez physionomiste pour saisir et pour rendre toutes les nuances de ces changemens.

« 4. Le physionomiste, dans ses recherches, n'oubliera pas de demander avant toute chose : Jusqu'à quel degré l'homme qu'il étudie est susceptible de l'impression des sens? sous quel point de vue il envisage le monde? quelles sont les facultés dont il est doué, et quel usage il en peut faire?

» 5. Cette vivacité d'imagination et cette perception rapide dont le physionomiste ne saurait se passer, supposent peut-être nécessairement d'autres facultés intellectuelles, qu'il doit exercer avec la plus grande circonspection, pour appliquer convenablement le résultat de ses observations. »

J'en conviens; mais il ne risquera pas beaucoup de se tromper, s'il a soin d'expliquer ses sensations par des signes infaillibles; s'il est en état de caractériser chaque faculté, chaque sentiment et chaque passion par les signes généraux qui leur conviennent. Son imagination ne lui servira alors qu'à mieux saisir les ressemblances et à les indiquer avec d'autant plus d'exactitude.

VI. *Maxime de Tyr.*

« 1. Rien n'est plus voisin de la Divinité, plus semblable à Dieu que l'ame humaine. Il ne serait pas raisonnable de croire que Dieu ait voulu renfermer dans un corps difforme un être qui lui ressemble tant. Au contraire, il a rendu ce corps propre à être le domicile commode d'une ame immortelle ; il l'a rendu capable de se mouvoir avec aisance. C'est de tous les corps des animaux terrestres le seul qui lève la tête vers le ciel ; celui dont la stature est la plus majestueuse, la plus symétrique et la plus belle. Sa grandeur n'a rien de démesuré, sa force naturelle rien d'effrayant. Il ne succombe point sous un poids incommode, et son équilibre n'est pas renversé par trop de légèreté. Il ne résiste point à l'attouchement par trop de dureté ; sa froideur ne le fait pas ramper à terre ; sa chaleur ne le porte pas à s'élever en haut ; le tissu lâche de ses parties ne l'oblige point à nager. Il n'est pas assez vorace pour se repaître de chair crue, ni assez débile pour être réduit à se nourrir de l'herbe des champs : il est constitué pour toutes les fonctions qu'il doit exécuter. Formidable aux méchans, il est aimable aux bons. La nature le fait marcher, le génie le fait voler, l'art le fait nager. Il cultive la terre et en consomme les fruits. Sa couleur est agréable, ses membres solides, son visage gracieux, et la barbe lui sied bien. C'est avec un semblable corps que les Grecs représentent leurs dieux : c'est sous cette forme qu'ils les honorent. »

Que n'ai-je assez d'éloquence, que n'ai-je assez d'ascendant sur ceux qui me lisent, pour faire passer dans leurs cœurs les ravissemens que j'éprouve, quand je considère la structure merveilleuse du corps humain ! Que ne puis-je rassembler dans les langues de tous les peuples les expressions les plus énergiques, pour fixer l'attention des hommes sur les hommes leurs semblables, et pour les ramener ainsi à eux-mêmes ! Je serais le premier à mépriser mon ouvrage, si je ne parvenais point à avancer ce grand dessein. Je serais inexcusable d'avoir entrepris une tâche des plus pénibles, si j'étais animé par des motifs moins puissans. Jamais il n'y aura une vocation d'auteur, si la mienne n'est pas décidée. Le moindre trait, la moindre inflexion du visage, me retracent la sagesse et la bonté du créateur; chaque nouvelle méditation me plonge dans une douce rêverie, et je n'en sors que pour me féliciter du bonheur d'être homme.

Dans les plus petits contours du corps humain, et à plus forte raison dans l'ensemble, dans la moindre partie, et bien plus dans toute la structure de l'édifice, quelque délabré qu'il soit par sa vétusté, je reconnais toujours la main toute-puissante de Dieu. Quand je m'abandonne à cette étude, mon cœur embrasé n'est plus capable d'approfondir avec assez de calme ces révélations divines; un frisson religieux me saisit, et mes hommages ne me paraissent ni assez purs, ni assez respectueux : en vain je cherche à exprimer mon admiration; je ne trouve ni paroles ni signes pour la rendre.

Dieu incompréhensible et qui t'es manifesté dans tes œuvres, quel est donc ce voile qui couvre nos yeux, pour nous empêcher de voir ce qui est clairement devant nous? Le visible ne nous manifestera-t-il jamais l'invisible? Ne retrouverons-nous jamais nos semblables dans nous-mêmes, et nous-mêmes dans nos semblables? Comment ne pas reconnaître Dieu dans tout ce que nous sommes et dans tout ce qui nous environne!

« 2. Figurez-vous un clair ruisseau inondant la prairie : les fleurs dont elle est émaillée sont cachées sous les eaux, mais en percent la surface. C'est l'emblème d'une belle ame, placée dans un beau corps. On la voit briller sous l'enveloppe qui la couvre : elle se montre au dehors et répand son éclat. Un jeune corps bien conformé est un arbre en fleurs qui portera bientôt les fruits les plus exquis. De même que les rayons de l'aurore devancent le lever du soleil et présagent un beau jour, de même la beauté naissante du corps promet une ame ornée de vertus qui ne tarderont pas à reluire dans tout leur éclat. »

VII. *Passages tirés d'un manuscrit allemand.*

« Il y a autant de rapport entre le visage de l'homme et celui de la femme, qu'il y en a entre l'âge viril et celui de l'adolescence.

» Nous savons par l'expérience que la rudesse ou la délicatesse des contours est proportionnée à la vivacité ou à la douceur du caractère. Nouvelle preuve que la nature a revêtu ses créatures de formes qui répondent à leur complexion.

» Ces signes extérieurs ne sauraient échapper à une ame susceptible de sentiment. Aussi voit-on les enfans témoigner une aversion décidée pour un homme faux, vindicatif ou traître, pendant qu'ils rechercheront avec empressement l'homme doux et affable, même sans le connaître.

» Les réflexions qu'on peut faire sur ce sujet, présentent trois causes différentes, les couleurs, les linéamens et la pantomime.

» Généralement parlant, la couleur blanche plaît aux yeux ; le noir au contraire réveille des idées fâcheuses et lugubres. Cette différence d'impressions provient de la répugnance naturelle que nous avons pour les ténèbres, et de notre prédilection pour tout ce qui tient à la lumière ; prédilection qui se retrouve même dans les animaux, dont plusieurs se laissent attirer par l'éclat de la lumière et du feu. Les raisons qui nous font aimer la lumière sont d'ailleurs faciles à expliquer. C'est elle qui nous procure une connaissance exacte des choses : c'est elle qui fournit des alimens à notre esprit, toujours avide de savoir : c'est par elle que nous suppléons à nos besoins et que nous évitons les dangers. Il y a donc une physionomie des couleurs. Les unes plaisent et les autres déplaisent particulièrement. »

Et pourquoi ? c'est que chaque couleur est l'effet d'une cause qui a du rapport avec nous, qui convient ou qui répugne à notre caractère. Les couleurs produisent des relations entre l'objet d'où elles partent et le sujet sur lequel elles réfléchissent. Ainsi non-seulement elles sont individuellement caractéristiques, mais elles le deviennent encore davantage par l'impression agréable ou désagréable qu'elles causent. Voilà donc un nouveau champ qui s'ouvre à nos spéculations ; voilà un nouveau rayon de cette vérité plus claire que le jour : tout est physionomie, tout se rapporte à la physionomie.

« Chaque partie du corps a sa signification ; de là

dans l'ensemble cette expression étonnante, qui nous met à portée de juger sûrement et promptement de chaque objet. C'est ainsi, pour ne citer que les exemples les plus frappans, c'est ainsi qu'à la première vue, tout le monde regardera l'éléphant comme un animal très-intelligent, et le poisson comme un animal très-stupide.

» Entrons maintenant dans quelques détails. Le haut du visage, jusqu'à la racine du nez, est le siége de nos pensées, le lieu où se forment nos projets et nos résolutions. Le bas du visage est chargé de les faire éclore.

» Un nez fort saillant et une bouche avancée (cette détermination est trop vague, et ne saurait être admise dans un sens absolu) annoncent un grand parleur, un homme présomptueux, étourdi, téméraire, effronté, fripon; et ces traits indiquent en général tous les défauts qui supposent de l'audace pour entreprendre et de la promptitude à exécuter. »

Ce jugement vague et tranchant est entièrement dans le goût des anciens physionomistes.

« Le nez est l'expression de l'ironie et du dédain. Une lèvre supérieure qui se renverse est le signe de l'effronterie et quelquefois de la menace. Si c'est au contraire la lèvre d'en bas qui se porte en avant, elle dénote un homme fanfaron et stupide.

» Ces signes deviennent encore plus expressifs par le port de la tête, soit que celle-ci se lève d'un air de fierté, ou soit qu'elle promène à l'entour des regards orgueilleux. La première de ces attitudes marque le dédain, et le nez y concourt toujours efficacement; l'autre geste est le comble de l'audace, et décide alors en même temps le jeu de la lèvre d'en bas.

» D'un autre côté, lorsque le bas du visage est enfoncé, il promet un homme discret, modeste, grave et réservé; ses défauts seront la fausseté et l'opiniâtreté. »

Cela n'est pas si positif. Un menton pointu est beaucoup plus souvent l'indice de la ruse qu'un menton qui recule. Celui-ci se retrouve rarement dans la physionomie d'un homme entreprenant.

« Un nez droit annonce de la gravité; ses inflexions, un caractère noble et généreux. (Mais ce n'est que dans les physionomies fines.) Une lèvre de dessus qui est aplatie sur les dents (et qui ferme mal), est une marque de timidité; une lèvre d'en bas de la même forme, indique un homme circonspect dans ses paroles.

» Jusqu'ici nous avons examiné le visage selon sa longueur; prenons-le maintenant dans sa largeur.

» Considéré sous ce point de vue, il offre deux espèces générales. Dans la première, les joues forment deux surfaces presque égales, le nez s'élève au milieu comme une éminence, l'ouverture de la bouche fait l'effet d'une coupure qui s'alonge en ligne droite, et la courbure des mâchoires est peu marquée. Avec ces dimensions, la largeur du visage est toujours disproportionnée à sa longueur; il en prend un air lourd et massif qui suppose un esprit à tous égards borné, un caractère foncièrement opiniâtre, inflexible. Dans les visages de la seconde espèce, le dos du nez est fortement prononcé; des deux côtés toutes les parties forment entre elles des angles aigus; l'os de la joue ne paraît point; les coins des lèvres se retirent, et la bouche aussi, à moins qu'elle ne se concentre dans une ouverture ovale; enfin les mâchoires se terminent vers le menton en pointe aiguë. Les visages ainsi conformés promettent un esprit plus délié, plus rusé et plus actif que ceux de la première classe.

» Les extrêmes d'une physionomie de cette première classe offriraient à mes yeux l'image d'un homme rempli de l'amour-propre le plus désordonné; ceux de la seconde peindraient le cœur le plus honnête et le plus généreux, animé d'un zèle ardent pour l'humanité.

» Les extrêmes, je le sais, sont rares dans la nature; mais lorsqu'on navigue sur une mer inconnue, ce sont eux qui doivent nous guider et nous servir de fanaux. Les transitions que la nature observe dans tous ses ouvrages se font alors mieux apercevoir, et nous ramènent à de justes limites.

» En poursuivant mon hypothèse des proportions, je crois pouvoir l'appliquer à la nature entière. Un visage large suppose un cou raccourci, un large dos et de larges épaules. Les personnes ainsi constituées sont intéressées et dénuées de sentiment moral. Un visage étroit et long s'associe à un long cou, à des épaules minces et affaissées, à une taille déliée. J'attendrais de ces sortes de gens plus de droiture et de désintéressement que des précédens, et en général aussi plus de vertus sociales.

» Nos traits et nos caractères éprouvent de grands changemens, selon l'éducation qu'on nous donne, selon la situation où nous sommes placés, et selon les événemens de la vie. Et voilà ce qui justifie la physiognomonie de ce qu'elle n'entreprend ni de rendre compte de l'origine des traits, ni de prédire leur signification pour l'avenir : c'est d'après le visage même, et indépendamment de toute altération imprévue, qu'elle doit décider ce que tel homme pourra être. Tout au plus le physionomiste se permettra d'ajouter : *Tel sera le pouvoir qu'auront sur lui la raison, l'amour-propre, la sensualité : cet individu-ci est trop roide pour prendre un nouveau pli; celui-là est assez mou pour céder et pour se relâcher.*

» Ces modifications expliquent pourquoi tant de gens semblent nés pour l'état où ils se trouvent, lors même que c'est le hasard qui les y a placés malgré eux : elles expliquent l'air imposant, sévère ou pédantesque du prince, du gentilhomme, de l'inspecteur d'une maison de force; l'air abattu et rampant du sujet, du valet, de l'esclave; l'air gêné et affecté d'une coquette. Les impressions que des circonstances réitérées font sur notre caractère, l'emportent de beaucoup sur les impressions de la nature. (Ce ne sera jamais qu'aux yeux de l'observateur inexpérimenté, qui s'attache aux parties mobiles de la physionomie plus qu'aux solides.) Mais il est tout aussi vrai qu'on distingue aisément un homme naturellement vil et bas, de celui qui a été réduit en servitude par des malheurs; un nouveau parvenu que la fortune a élevé au-dessus de ses pareils, d'un homme à grands talens que la nature a mis au-dessus du vulgaire. (Personne n'est vil et bas de son naturel ; mais, dans certaines circonstances, les uns pourront s'avilir beaucoup plutôt que les autres.) Un homme foncièrement vil et bas se décelera dans l'état d'esclavage par une bouche béante, par une lèvre d'en bas qui avance, ou par un nez froncé, et on reconnaîtra dans tous ses traits un vide marqué. On lui retrouvera les mêmes traits s'il occupe un rang éminent, mais alors ils indiqueront de la suffisance et de l'arrogance. Un homme véritablement grand annonce sa supériorité par un regard assuré et ouvert ; la modération de son caractère se peindra dans des lèvres bien jointes. S'il est obligé de sévir, on lira dans ses yeux baissés le chagrin qu'il en ressent ; sa bouche restera fermée pour supprimer les plaintes importunes.

» Si ces différentes causes produisent des impressions permanentes, les mouvemens extraordinaires de l'ame impriment aussi à la physionomie des traces passagères. Celles-ci sont à la vérité plus marquées que ne le seraient les traits dans l'état de repos ; mais elles ne sont pas moins déterminées par la nature primitive de ces traits ; et, en comparant plusieurs visages agités par la même passion, on apercevra sans peine les différences du caractère moral. Par exemple, la colère d'un homme déraisonnable ne sera que ridicule, et celle d'un homme épris de lui-même éclatera avec fureur. Au contraire, un cœur généreux, s'il est poussé à bout, ne cherchera qu'à réprimer son adversaire, et à le faire rougir de ses torts ; un cœur bienfaisant mêlera un sentiment d'affliction à ses reproches, et ramenera l'agresseur au repentir.

»La tristesse d'un esprit grossier sera plaintive et criarde; celle de l'homme vain, fastidieuse. Un cœur tendre se répand en larmes et nous communique sa douleur. Un homme grave et sérieux la renferme en lui-même; si elle paraît sur son visage, les muscles des joues seront retirés vers les yeux, et le front sera plus ou moins ridé.

»L'amour dans un cœur farouche est brusque et ardent: dans un homme content de lui-même cette passion a quelque chose de dégoûtant, et s'annonce par le clignement des yeux, par un sourire forcé, par les contorsions de la bouche et les plis qui se forment dans les joues. Un homme trop sensible exprimera sa tendresse par des airs langoureux; ses yeux humides et sa bouche rétrécie acheveront de lui donner une mine de suppliant. Enfin l'homme raisonnable mettra une certaine gravité jusque dans ses amours: il regardera fixement l'objet qui l'intéresse; son front ouvert et les traits de sa bouche nous persuaderont bientôt qu'il ne craint pas de dire ce qu'il sent.

» En un mot, les sensations d'un esprit posé n'éclatent point par des signes violens: celles d'un esprit grossier se declarent par des grimaces, et ne sauraient convenir par cette raison à l'école de l'artiste; mais le physionomiste et le moraliste s'en serviront habilement pour avertir la jeunesse de ne point se livrer à des mouvemens impétueux dont les effets sont également fâcheux et désagréables.

»Les sensations d'un cœur bienveillant nous intéressent et nous touchent, quelquefois même elles inspirent le respect : celles du méchant sont terribles, odieuses ou ridicules.

»Les mouvemens souvent répétés laissent des impressions si profondes, que souvent elles ressemblent à celles de la nature, et dans ce cas on peut conclure hardiment que le cœur est enclin par lui-même à les recevoir. Cette observation démontre combien il est utile de familiariser un jeune homme avec le spectacle de l'humanité souffrante, et de l'approcher quelquefois du lit d'un mourant.

»Un commerce fréquent et des liaisons intimes entre deux personnes les assimilent tellement, que non-seulement leurs humeurs se moulent l'une sur l'autre; mais que leur physionomie même et leur son de voix contractent une certaine analogie. Je connais une multitude d'exemples de ce genre.

»Chaque homme a son geste favori. S'il y avait moyen de le surprendre et de le dessiner dans cette attitude, elle fournirait une explication claire et distincte de tout son caractère.

»La même chose arriverait si l'on pouvait représenter successivement, et avec la plus grande exactitude, tous les mouvemens dans chaque individu. Ces mouvemens seraient très-variés et très-rapides chez un homme vif; plus uniformes et plus graves dans un tempérament froid et rassis.

»En supposant qu'un recueil d'individus dessinés d'après l'idéal favoriserait de beaucoup la connaissance de l'homme, et deviendrait en quelque sorte une science des caractères, je n'en suis pas moins sûr que le recueil de tous les changemens du visage de la même personne nous offrirait l'histoire de son cœur. Nous y verrions, par exemple, d'un côté jusqu'à quel point le caractère d'un homme sans culture est à-la-fois timide et fier; de l'autre jusqu'à quel point on pourrait le former par le secours de la raison et de l'expérience.

»Quelle école pour un jeune homme, de comparer Jésus-Christ, enseignant le peuple, demandant aux Juifs: Qui cherchez-vous? en angoisse dans le jardin de Gethsémané, pleurant sur le sort de Jérusalem, expirant sur la croix! Par-tout on retrouverait le même homme Dieu; et, malgré la prodigieuse différence des situations, par-tout les mêmes grands traits d'une puissance miraculeuse, d'une raison plus qu'humaine, d'une douceur vraiment divine.

»Qu'il serait intéressant et instructif de comparer le roi Balthazar, commençant son festin dans l'excès de la joie, et pâlissant d'effroi à l'aspect de la main qui trace sa condamnation sur les murailles de la salle!

»De comparer César, plaisantant avec les pirates dont il était le prisonnier, versant des larmes à la vue de la tête de Pompée, succombant sous le poignard de ses assassins, et tournant vers Brutus un regard de tendresse: *Et toi, Brutus, aussi!*

»Le sentiment influant d'une manière décidée sur l'organe de la voix, n'y aurait-il pas pour chaque individu un ton de voix primitif, dans lequel se réunissent tous les autres tons dont sa voix est susceptible? et ce ton primitif ne serait-ce pas celui que nous prenons dans nos momens les plus tranquilles, dans la conversation ordinaire? Je le croirais, puisque le visage dans l'état de repos contient le principe de tous les traits qu'il peut adopter.

» Il faudrait donc qu'un habile musicien s'appliquât à rassembler, à classer et à caractériser ces différens tons; et au bout d'un certain temps nous serions en état d'indiquer au juste le son de voix naturel qui appartient à chaque visage, si toutefois l'on excepte les différences qui proviennent d'une constitution viciée, et des maladies en général. Une grande stature et une poitrine plate seraient la marque ordinaire d'une voix faible.

» Cette idée, qui certainement est plus aisée à concevoir qu'à exécuter, m'est venue en réfléchissant sur la variété infinie dont j'entends prononcer tous les jours le oui et le non.

» Qu'on se serve de ces mots dans un sens affirmatif ou décisif, comme signe de joie ou d'inquiétude, en plaisantant ou au sérieux, le ton qu'on y mettra sera toujours différent; et parmi plusieurs personnes qui les emploieront pour exprimer les mêmes intentions et les mêmes sensations, chacune aura encore sa prononciation particulière qui répond à son caractère. Le ton qu'elle prendra sera sincère ou défiant, grave ou léger, affectueux ou indifférent, doux ou chagrin, prompt ou lent. Combien toutes ces nuances ne sont-elles pas significatives, et avec quelle vérité ne peignent-elles pas la situation de l'ame !

»Comme il est démontré par l'expérience que le penseur le plus profond a quelquefois l'air distrait, l'homme le plus courageux un air embarrassé, l'homme le plus doux un air fâché, l'homme le plus tranquille un air troublé, ne pourrait-on pas, à l'aide de ces traits accessoires, établir un idéal pour chaque mouvement de l'ame? se serait un service essentiel à rendre à la science des physionomies : ce serait la porter à son plus haut degré de perfection. »

VIII. *Huart.*

« 1. Il y a des gens sensés qui ne le paraissent pas : il y en a qui le paraissent et qui pourtant ne le sont pas. D'autres le sont tout aussi peu qu'ils le paraissent : d'autres enfin le paraissent et le sont en effet. »

Cette façon de parler n'est que relative, et il faudra toujours demander à qui cela paraît-il ainsi? Le physionomiste ne se laisse point séduire par des apparences : il les examine et les étudie avec soin, persuadé que chaque apparence est fondée sur une réalité.

« 2. Souvent le fils doît payer pour les talens de son père. »

Cette remarque est bien vraie, et je crois avoir déjà dit quelque part, que rien n'est plus rare qu'un illustre fils d'un illustre père.

« 3. Une raison trop précoce est l'avant-coureur de la folie. »

« 4. Il n'y a point d'enfantement sans conception. »

N'exigez donc de personne un fruit dont il n'a pas reçu le germe.

De quelle importance, de quelle utilité ne sera pas l'emploi de la physiognomonie, si elle devient une sage-femme habile, qui prête ses secours aux esprits qui en ont besoin, et les administre à propos?

« 5. La figure de la tête est comme elle doit être, lorsqu'elle semble modelée sur la forme d'une boule creuse, qu'on a un tant soit peu aplatie des deux côtés, et qui s'élève en bosse vers l'endroit du front et de l'occiput. Un front trop plat et un derrière de tête qui va trop en pente ne sont pas de bon augure pour l'esprit. »

Même en resserrant une pareille forme par les côtés, le profil de toute la tête sera pourtant plutôt circulaire qu'ovale. Il suffit donc de poser pour règle générale, que le profil d'une tête bien proportionnée, en y comprenant la proéminence du nez, décrira toujours plus ou moins la forme d'un cercle, tandis qu'abstraction faite du nez, il approchera de l'ovale. L'auteur dit « qu'un front trop plat n'est pas d'un bon augure pour l'esprit. » Je suis d'accord avec lui, s'il entend parler d'un aplatissement grossier de toute la superficie du front; mais j'ai vu des personnes infiniment judicieuses dont le front était droit comme une planche, quoique seulement dans la partie qui surmonte et qui sépare les sourcils. C'est sur-tout la position et la courbure de la voûte du front qui doivent décider dans le cas en question.

« 6. L'homme a infiniment plus de cervelle que tous

les animaux privés de raison ; en vidant même le crâne de deux bœufs de la plus grande espèce, il n'y aurait pas encore de quoi remplir celui d'un homme de la plus petite taille. Le plus ou le moins de cervelle indique aussi le plus ou le moins de raison.

» 7. Les fruits qui ont le plus d'écorce ont aussi le moins de jus. Plus une tête est grosse et chargée d'os et de chair, moins elle contient de cervelle.

» Une masse d'os, de chair et de graisse, est un poids importun qui gêne les opérations de l'ame.

» 8. D'ordinaire la tête d'un homme judicieux est délicatement constituée, et sensible aux moindres impressions. »

Cette règle n'est pas générale, ni près de là ; mais quand même on voudrait l'adopter avec de certaines restrictions, elle ne saurait être appliquée tout au plus qu'à des têtes spéculatives. Un homme d'exécution a besoin d'un système osseux plus robuste. Rien n'est plus rare dans le monde qu'un homme qui réunit une grande sensibilité à un grand courage. La sensibilité et l'énergie de ces sortes de caractères dépendent moins de la mollesse des chairs et de la dureté des os, que de la délicatesse et de l'élasticité des nerfs.

« 9. Galien dit qu'un gros ventre annonce un esprit grossier. »

On pourrait ajouter, avec tout autant ou avec tout aussi peu de fondement, qu'une taille déliée annonce un esprit délié. Je ne fais pas grand cas de ces axiomes qui exposent un homme sensé à être rangé d'un trait de plume dans la classe des imbéciles. Il est sûr qu'un gros ventre n'est pas un signe positif de l'esprit; il dénote plutôt une sensualité toujours nuisible aux facultés intellectuelles; mais, malgré cela, je ne saurais souscrire purement et simplement à l'arrêt de Galien, à moins qu'il ne soit motivé par des indices plus certains.

« 10. Selon Aristote, les plus petites têtes sont les plus sensées. »

Avec tout le respect que je dois au grand Aristote, cela s'appelle parler en l'air. Il arrive souvent que, par un de ces accidens qui retardent ou qui précipitent l'accroissement, une petite tête se trouve placée sur un grand corps, ou une grosse tête sur un petit corps; mais s'ensuivra-t-il, sans une détermination plus précise, qu'une tête grosse ou petite doive être sensée ou insensée, uniquement à cause de son volume? Je n'attendrai pas sans doute beaucoup de sens d'une grosse tête qui a un petit front triangulaire, ou dont le crâne est surchargé de chair et de graisse; mais les petites têtes de la même espèce, et sur-tout les rondes, sont également d'une stupidité excessive, et leur bêtise est d'autant plus insupportable qu'elles ont des prétentions à l'esprit.

« 11. J'aime assez un petit corps avec une tête un peu trop grosse, et un grand corps avec une tête un peu trop petite. »

A la bonne heure si ce n'est qu'un peu; mais il vaut mieux pourtant que la tête soit tellement proportionnée au reste du corps, qu'elle ne contraste ni par sa grosseur, ni par sa petitesse.

« 12. La mémoire et l'imagination ressemblent autant au jugement que le singe ressemble à l'homme.

» 13. La dureté ou la mollesse des chairs ne fait rien au génie, si la substance de la cervelle n'y répond pas; car on sait que celle-ci est souvent d'une complexion tout-à-fait différente des autres parties du corps; mais, si la chair et la cervelle s'accordent l'une et l'autre en mollesse, ce sera un mauvais signe et pour le jugement et pour l'imagination.

» 14. Les humeurs qui occasionent la mollesse des chairs sont la pituite et le sang : d'une nature trop aqueuse, elles engendrent, selon Galien, la bêtise et la stupidité. Au contraire, les humeurs qui durcissent la chair sont la bile et la mélancolie, et elles contiennent le germe de la raison et de la sagesse. La rudesse et la dureté des chairs sont donc des signes favorables : leur mollesse, au contraire, indique une mémoire faible, un esprit borné et une imagination stérile. »

Ne confondons pas la mollesse des chairs avec cette heureuse flexibilité qui annonce beaucoup plus d'esprit qu'une chair rude. Je ne saurais me résoudre à faire passer une chair coriace ou rude pour la marque caractéristique de l'esprit, et il me répugne tout autant de regarder une chair molle comme l'indice de la bêtise; mais je voudrais qu'on distinguât entre mou et lâche ou spongieux, entre rude et ferme. En général une chair spongieuse dénote plus souvent la bêtise qu'une chair ferme; cela est décidé : *Quorum perdura caro est, ii tardo ingenio sunt; quorum autem mollis est, ingeniosi.* Arist., lib. III. Quelle contradiction! mais elle disparaît si l'on traduit *perdura* par coriace et rude, et *mollis* par tendre et délicat.

« 15. Pour savoir si la constitution de la cervelle répond à celle des chairs, il faut examiner les cheveux de la tête. Sont-ils noirs, gros et rudes, ils annoncent une raison saine et une imagination heureuse. »

Encore une fois, ne généralisons pas tant! Dans le moment même où j'écris ceci, je me rappelle un homme très-faible d'esprit, qui a précisément une pareille chevelure. Rude et rudesse sont des expressions qui réveillent des idées désagréables, et qui ne peuvent se prendre qu'en mauvaise part.

« Une chevelure douce et blanche indique tout au plus une bonne mémoire. »

Ceci encore ne dit pas assez. Des cheveux blancs sont la marque d'une organisation délicate, qui est tout aussi capable de recevoir les impressions des objets que d'en conserver les signes.

« 16. Veut-on savoir au plus juste si dans tel individu particulier les cheveux de la première espèce indiquent la solidité du jugement, ou bien la force de l'imagination? il n'y a qu'à consulter son rire; car rien ne décèle mieux l'état et le degré de l'imagination. »

Bien plus, je prétends que le rire est la pierre de touche du jugement, des qualités du cœur, de l'énergie du caractère; il exprime l'amour ou la haine, l'orgueil ou l'humilité, la sincérité ou la fausseté. Que n'ai-je des dessinateurs assez habiles ou assez patiens pour épier et pour bien rendre les contours du rire! Une physiognomonie du rire serait un livre élémentaire des plus intéressans pour la connaissance de l'homme. Avec un rire agréable, on ne saurait être méchant. On a dit de notre Sauveur qu'il n'a jamais ri. Je veux le croire; mais, s'il n'avait jamais souri, il n'aurait pas été homme. Le sourire de Jésus-Christ exprimait, j'en suis sûr, la charité fraternelle dans toute sa simplicité.

« 17. Héraclite dit qu'un œil sec est la marque d'un grand esprit.

» 18. Il est rare que les gens de beaucoup d'esprit aient une belle écriture. » (Ou, pour parler avec plus de précision, ils ne peignent point en maîtres d'école.)

IX. *Winckelmann* (1).

« 1. Dans les profils des dieux et des déesses, le front et le nez décrivent une ligne presque droite. Les têtes des femmes célèbres, que les monnaies grecques nous ont conservées, se ressemblent toutes par-là ; et il n'est pourtant guère probable que dans ces sortes de représentations on se soit permis de suivre l'idéal. On pourrait donc supposer que cette conformation était tout aussi particulière aux anciens Grecs, que les nez camus le sont aux Kalmoucks, et les petits yeux aux

(1) Les écrits de Winckelmann sont une mine d'or pour le physionomiste, tant par rapport aux expressions caractéristiques qu'à d'autres égards. Cet auteur possède au suprême degré la propriété des termes, et je doute qu'il puisse y avoir un style technique qui réunisse mieux que le sien la vérité à la précision, la hardiesse au naturel, et la noblesse à l'élégance.

Chinois. Les grands yeux que l'on retrouve dans les têtes grecques des antiques et des médailles, semblent appuyer cette conjecture. »

Il n'est pas dit que cette conformation ait été absolument générale chez les Grecs, ou plutôt elle ne l'était certainement pas, puisque une infinité de médailles démontrent le contraire. Peut-être y avait-il un temps et des contrées où elle dominait; mais, quand même un tel profil ne se serait présenté qu'une seule fois au génie de l'art, il ne lui en fallait pas davantage pour le saisir et pour se l'imprimer. Quoi qu'il en soit, ce n'est pas là proprement ce qui nous intéresse à présent, et il n'est question que de la signification de cette forme. Plus elle approche de la ligne perpendiculaire, moins elle exprime de sagesse et de grace; plus elle se retire obliquement, plus elle perd de son air de noblesse et de grandeur; et à proportion que le profil du nez et du front est en même temps droit et perpendiculaire, celui du haut de la tête approche aussi de l'angle droit, qui est l'ennemi juré de la sagesse et de la beauté. Je découvre presque toujours dans les copies ordinaires de ces fameuses lignes de la beauté, l'expression d'une fadeur accablante, qui semble répugner à toute espèce d'inspiration. Je ne parle que des copies, et c'est le cas, par exemple, de la Sophonisbe, gravée d'après l'admirable Angélique Kaufmann. Dans cette figure, le prolongement du front sous la chevelure a été négligé, et on a manqué aussi les douces inflexions des lignes qui paraissent entièrement droites. Ces inflexions sont en effet d'une difficulté prodigieuse; nous y reviendrons dans le Traité des lignes physionomiques.

« 2. Ce fut une Vénus qui découvrît au Bernin des beautés qu'il ne se serait point attendu de trouver autre part que dans la nature, mais qu'il n'y aurait point cherchées si la Vénus ne les lui avait indiquées. »

Tous les ouvrages de l'art sont, à mon avis, le milieu par lequel nous envisageons ordinairement la nature. Le naturaliste, le poète et l'artiste, ne font que pressentir ses beautés ; leurs faibles imitations ne contiennent que les premiers rudimens de la parole de Dieu ; mais, avec quelque aptitude, on avance rapidement dans cette étude sublime, et bientôt on peut dire : *Nous ne croyons plus sur la foi de vos discours, car nous avons vu par nous-mêmes.* J'espère aussi que ces fragmens aideront à faire apercevoir à mes lecteurs des merveilles dans la nature, lesquelles peut-être leur seraient échappées sans moi, et qui ne se trouvaient pas moins étalées à leurs yeux.

« 3. La ligne qui sépare, dans la nature, l'assez du trop, est presque imperceptible. »

Elle échappe à tous les efforts et à tous les instrumens de l'art ; et cependant elle est de la plus grande importance, comme tout ce qui est au-dessus de notre portée.

« 4. La noble simplicité et le calme d'une grande ame rappellent une mer dont le fond est toujours tranquille, quelque orageuse que soit la surface. »

Ce calme sublime s'exprime de trois manières différentes, c'est-à-dire, qu'un visage ne saurait produire cette expression, à moins de réunir les trois caractères que je vais indiquer. Premièrement, il doit y avoir entre toutes les parties une proportion qui frappe au premier coup-d'œil, sans qu'on soit obligé de la chercher péniblement : cette proportion est la marque d'un calme et d'une énergie fondamentale. En second lieu, il faut que les contours de toutes les parties ne soient ni perpendiculaires, ni circulaires; ils doivent paraître droits, et pourtant se voûter insensiblement; avoir l'air de se courber, et cependant approcher de la ligne droite. Enfin, il faut une parfaite harmonie et une liaison naturelle entre tous les contours et tous les mouvemens.

« 5. Il fallait une aussi belle ame que celle de Raphaël, dans un aussi beau corps que le sien, pour être le premier, parmi les modernes, à sentir et à découvrir les beautés et le mérite des anciens ouvrages de l'art.

» 6. Un beau visage plaît toujours; mais il nous charmera encore davantage, si en même temps il a cet air sérieux qui annonce la réflexion. Cette opinion paraît aussi avoir été celle des artistes anciens; toutes les têtes de l'Antinoüs nous offrent ce caractère, et ce n'est certainement point son front couvert de boucles qui lui donne un air sérieux. D'ailleurs, ce qui plaît au premier abord, cesse souvent de plaire dans la suite : ce qu'un coup-d'œil rapide a saisi à la hâte, disparaît au regard attentif de l'observateur : dès-lors, plus d'illusion. Il n'y a de charmes durables que ceux qui peuvent soutenir un examen rigoureux; et ils gagnent même à être vus de près, parce qu'on cherche à réfléchir davantage sur le plaisir qu'ils nous causent, et à en découvrir la nature. Une beauté sérieuse ne cesse point de plaire, et sur-tout ne rassasie jamais : on croit toujours y apercevoir des charmes nouveaux. Telles sont les figures de Raphaël et celles des anciens maîtres. Sans avoir l'air prévenant ou minaudier, elles sont des plus heureusement composées, ornées d'une beauté solide et réelle. »

Personne ne balancerait, je pense, de souscrire à ces réflexions, si, au lieu de charme, l'auteur avait mis *grandeur*. Le charme de la beauté doit avoir nécessairement quelque chose de prévenant et d'attrayant (1).

« 7. Raphaël, ayant à peindre la Galathée qui se trouve dans le palais Farnèse, écrivait en ces termes à son ami, le célèbre comte Balthasar Castiglione : « Pour » choisir une belle forme, il faudrait en avoir vu de plus » belles ; or rien n'étant si rare que les belles femmes, » je me suis servi des idées que mon imagination m'a ins» pirées. » J'oserais soutenir cependant que le visage de cette même Galathée est fort commun, et qu'il n'y a guère d'endroits où il ne se trouve de plus belles femmes.

« Le Guide, occupé de son tableau de l'Archange, tient à-peu-près le même langage que Raphaël, dans une lettre qu'il adressa à un prelat de la cour de Rome : « C'est » parmi les beautés du paradis, c'est dans le ciel même » que j'aurais voulu choisir le modèle de ma figure ;

(1) *Voyez* Réflexions sur l'imitation des ouvrages des Grecs, en peinture et en sculpture.

» mais il n'a pas tenu à moi de prendre un vol aussi » élevé, et j'ai cherché en vain sur la terre une forme » qui satisfît mon imagination. » Et cependant l'Archange est moins beau que quelques jeunes hommes que j'ai connus. Je ne crains pas d'avancer que le jugement de ces deux artistes provient d'un défaut d'attention de leur part, sur ce qui est beau dans la nature. Je soutiendrai même avoir trouvé des visages tout aussi parfaits que ceux que Raphaël et le Guide nous ont donnés comme des modèles d'une beauté sublime.

» 8. Les joues d'un Jupiter et d'un Neptune sont moins pleines que celles des jeunes divinités : le front aussi s'élève ordinairement plus en voûte (c'est-à-dire au-dessus des sourcils); il en résulte une petite inflexion dans la ligne du profil (près de la racine du nez), et le regard en devient d'autant plus réfléchi et plus imposant. »

Il fallait dire *profond*, au lieu d'imposant.

« 9. La grande ressemblance d'Esculape avec son grand-père pourrait bien avoir pour principe la remarque déjà faite par les anciens, que le fils ressemble souvent moins au père qu'au grand-père. Ce saut que fait la nature dans la conformation de ses créatures est prouvé aussi par l'expérience à l'égard des animaux, et particulièrement à l'égard des chevaux.

» 10. Ce qui est gêné sort de la nature; ce qui est violent est contraire à la décence. »

La gêne est l'indice d'une passion réprimée, profondément enracinée, et qui procède avec lenteur: les mouvemens violens sont l'effet d'une passion déterminée, et qui porte des coups mortels.

« 11. Il n'y a point de remède contre l'insensibilité. »

Celui qui n'est pas touché au premier abord, et du moins jusqu'à un certain point, du caractère de candeur, de bonté, de simplicité et d'honnêteté de certaines physionomies, y restera insensible toute sa vie. Vouloir le ramener, ce serait perdre votre temps et vos peines : au contraire, il se croira humilié par vos remontrances, il s'aigrira contre vous, et il deviendra peut-être le persécuteur de l'innocent dont vous aviez entrepris la défense. A quoi sert-il de parler aux sourds, ou de raisonner avec un aveugle sur les effets de la lumière ?

« 12. Michel-Ange est à Raphaël ce que Thucydide est à Xénophon. »

Et la physionomie de Michel-Ange est à celle de Raphaël ce que la tête d'un taureau vigoureux est à celle d'un cheval de belle race.

« 13. Les formes droites et pleines constituent le grand, et les contours coulans et légers le délicat. »

Tout ce qui est grand suppose des formes droites et pleines, mais celles-ci n'ont pas toujours le caractère de la grandeur. Afin de pouvoir juger combien une forme est droite et pleine, il faut être au vrai point de vue.

« Ce qui prouve que le profil droit renferme la beauté, c'est le caractère du profil contraire. Plus l'inflexion du nez est forte, plus le profil s'écarte de la belle forme.

Lorsqu'on regarde un visage de côté, et qu'on y remarque un mauvais profil, on peut s'épargner la peine de chercher la beauté sur la physionomie. »

Une physionomie pourra être des plus nobles, des plus honnêtes, des plus judicieuses, des plus spirituelles, et des plus aimables ; le physionomiste pourra y découvrir les plus grandes beautés, parce qu'en général il appelle beau toute bonne qualité qui est exprimée par les sens ; mais la forme même ne sera pas encore belle pour cela, et ne mérite pas non plus ce nom, si l'on veut parler avec justesse.

« 14. La grace se forme et réside dans le maintien et les attitudes ; elle se manifeste dans les actions et les mouvemens du corps. Répandue sur tous les objets, elle se montre même dans le jet de la draperie et dans le goût de l'ajustement. La grace ne fut révérée chez les anciens Grecs que sous deux noms ; l'une était appelée céleste, l'autre terrestre. Celle-ci est complaisante sans bassesse : elle se communique avec douceur à ceux qui en sont épris ; elle n'est pas avide de plaire, elle voudrait seulement ne pas rester inconnue. L'autre paraît se suffire à elle-même ; elle veut être recherchée et ne fait point d'avance. Trop élevée pour se communiquer beaucoup aux sens, elle ne veut parler qu'à l'esprit. (Le suprême, dit Platon, n'a point d'image.) Elle ne s'entretient qu'avec le sage; avec le peuple elle se montre altière et repoussante. Toujours égale, elle réprime les mouvemens de l'ame, elle se renferme dans le calme délicieux de cette nature divine dont les grands maîtres de l'art ont tâché de saisir le type. Elle souriait innocemment et furtivement dans la Sosandre de Calamis ; elle se cachait avec une pudeur naïve sur le front et dans les yeux de cette jeune Amazone, et se jouait avec une élégante simplicité dans le jet de son vêtement. »

La grace n'est repoussante envers personne ; elle repose, si je puis m'exprimer ainsi, sur les mouvemens réels ou apparens d'un tout harmonique. Les lignes qu'elle décrit plaisent à tous les yeux. Il se peut que le grand ne soit pas intelligible à tout le monde : quelquefois il est à charge, il accable ; mais la grace n'est jamais dans ce cas. Du naturel, de l'aisance, de la simplicité, une harmonie parfaite, un dégagement absolu de tout ce qui est superflu ou gêné, voilà le caractère propre des graces, ou célestes ou terrestres ; un naturel aimable, exprimé par des mouvemens gracieux, voilà leur attribut.

« 15. Notre façon de penser est ordinairement analogue à la forme de notre corps.

» 16. On retrouve sur les physionomies du Guide et du Guerchin le coloris de leurs tableaux.

» 17. Rien n'est plus difficile que de démontrer une vérité évidente. »

Sur-tout en physiognomonie (1).

(1) Histoire de l'Art chez les anciens.

X. *Pensées extraites d'une dissertation insérée dans un journal allemand.*

Sans toucher au fond même de cette dissertation, je me bornerai à en détacher quelques propositions et quelques idées particulières, dont les principes, vrais ou faux, me paraîtront mériter attention.

« 1. On fait passer pour spirituels les gens dont le nez voûté se termine en pointe, et on dit qu'un nez camus suppose ordinairement peu d'esprit. »

Ceci demande explication, et sans dessin l'explication devient presque impossible. Le nez peut être voûté de différentes façons : ceux dont il s'agit ici le sont-ils en long ou en large, et comment? A moins de résoudre cette question préliminaire, la proposition de l'auteur est tout aussi vague que s'il parlait en termes généraux de la voûte du front. Tout front est voûté ; nombre de nez le sont aussi, ceux des gens les plus spirituels et ceux des plus stupides. Mais quelle est la mesure de cette voûte? où commence-t-elle? jusqu'où va-t-elle? où finit-elle?

Je conviens qu'un beau nez, bien prononcé et anguleux, qui se termine en pointe et se rabat un peu sur les lèvres, est une marque certaine d'esprit, pourvu que ce trait ne soit point balancé par d'autres traits contradictoires ; mais il n'est pas exclusivement vrai, dans l'inverse, qu'un nez camus soit l'indice d'un manque d'esprit. La forme de ces sortes de nez peut bien en général ne pas être favorable à l'esprit ; mais il y a pourtant des camards très-spirituels. Nous en avons parlé dans le fragment du nez.

« 2. Un nez voûté, supposé pour un moment qu'il soit l'indice de l'esprit, et qu'un nez camus soit l'indice du contraire, doit-il être considéré comme simple signe passif, qui suppose en même temps d'autres causes de l'esprit, ou bien le nez est-il cette cause lui-même? »

Je réponds que dans ce cas le nez est à-la-fois le signe, la cause et l'effet.

Il est le signe de l'esprit, car il l'annonce et en devient l'expression nécessaire; il est la cause de l'esprit, puisque du moins il en détermine le degré et le genre; enfin il en est l'effet en tant qu'il est le résultat d'un esprit dont la faculté active est telle, que le nez n'a pu ni rester plus petit, ni s'agrandir davantage, ni se modeler différemment. Ce n'est pas la forme seule qu'il faut considérer, mais aussi la matière; celle-ci n'admettant d'autres formes que celles qui répondent à sa nature et aux ingrédiens dont elle est composée elle-même. Cette matière est peut-être le principe primitif de la forme. C'est sur une certaine quantité donnée de matière que le germe immortel, que le θεῖον de l'homme, devait opérer de telle et telle manière immédiatement après la conception. C'est depuis ce moment que le ressort de l'esprit a commencé à agir, tout comme un ressort artificiel ne reçoit son activité que par la contrainte qu'on lui oppose.

Il est donc à-la-fois vrai et faux que certains nez camus soient une barrière insurmontable pour l'esprit. Cela est vrai, car il est décidé que certains nez camus excluent absolument un certain degré d'esprit. Cela est faux ; car, avant que le dessin et les contours du nez fussent arrêtés, il y avait déjà une impossibilité qu'il pût être formé différemment dans le corps et d'après l'organisation donnée, dont il est le résultat. L'esprit, le principe de vie, le moi, dont le créateur avait trouvé bon de restreindre les facultés, manquait du cercle d'activité nécessaire pour former le nez en pointe. Il y a donc plus de subtilité que d'exactitude philosophique à dire que ces sortes de nez sont une barrière insurmontable pour l'esprit.

« 3. Le rapport qui se trouve entre notre extérieur et nos qualités intérieures ne dépend pas de la forme extérieure, mais d'une connexion physique de l'ensemble. Ce rapport est le même que celui de la cause à l'effet, ou, en d'autres termes, la physionomie n'est pas seulement l'image de l'homme intérieur, mais elle en est aussi la cause efficiente. La configuration et l'arrangement des muscles déterminent notre façon de penser et de sentir. »

Et j'ajouterai que c'est l'ame qui détermine à son tour cette configuration et cet arrangement des muscles.

« 4. On dit qu'un front large et d'une grande étendue est la marque d'un jugement profond. Cela s'explique naturellement. Le muscle du front est l'instrument principal de la pensée. Par conséquent, s'il est rétréci et resserré, il ne saurait rendre les mêmes services que lorsqu'il a une étendue convenable. »

Sans vouloir contredire l'auteur quant au principe, je me permettrai seulement de mieux fixer son idée.

En général, il est vrai, si l'on veut, que le plus ou le moins de cervelle détermine aussi le plus ou le moins de facultés intellectuelles. Les animaux sans cervelle sont en même temps les plus stupides, et les plus intelligens sont ceux qui ont le plus de cervelle. L'homme, qui, par sa raison, est au-dessus de tous les animaux, a une plus grande quantite de cervelle qu'aucun d'entre eux ; ainsi l'on croirait pouvoir conclure de là, par analogie, et avec beaucoup de justesse, qu'un homme judicieux doit avoir plus de cervelle qu'un homme borné. Cependant des observations très-positives ont démontré que cette proposition a besoin de grandes modifications et de grandes restrictions pour être reçue comme vraie. Lorsque la matière et la forme de la cervelle sont en égalité entre deux personnes, une plus grande masse de cervelle est certainement aussi le siége, l'indice, la cause ou l'effet d'une supériorité de facultés. Donc, toutes choses égales, une grande masse de cervelle et un grand front annoncent plus de sens qu'un front court. Mais de même que dans une petite chambre bien rangée, on est souvent logé plus commodément que dans un appartement spacieux, il y a aussi de petits fronts étroits qui, avec une moindre quantité de cervelle, renferment cependant un esprit très-judicieux. Je connais une multitude de fronts courts, ou obliques, ou presque perpendiculaires, ou même légèrement voûtés, qui surpassent en jugement et en pénétration les fronts les plus larges et les plus élevés. J'en ai vu souvent de ceux-ci qui appartiennent à des gens extrêmement faibles d'esprit ; et on pourrait peut-être poser en axiome, qu'un front court, compacte et peu étendu, annonce du sens et du jugement ; quoique, sans une détermination plus précise, cette proposition ne fût pas encore généralement vraie, à beaucoup près. Mais ce qui est positif, c'est qu'on peut attendre la plupart du temps une stupidité décidée d'un grand front spacieux qui s'arrondit en demi-sphère ; et cependant Galien, si je ne me trompe, et Huart après lui, regardent cette forme comme particulièrement favorable à la faculté de la pensée. Plus le front (je ne parle pas du crâne en entier), plus le front approche d'une demi-sphère, plus il est faible d'esprit, énervé, incapable de réflexion : cette assertion est fondée sur des expériences réitérées. Plus un front a de lignes droites (et par conséquent moins il est spacieux ; car plus il est voûté, plus il aura d'étendue, et plus il a de lignes droites, plus il se rétrécira), plus, dis-je, le front a de lignes droites, plus il indiquera de jugement, mais aussi d'autant moins annoncera-t-il de sensibilité. Cependant il y a des fronts larges et de grande étendue, qui, sans avoir ces lignes droites, n'en sont pas moins propres à bien penser ; seulement ils se distinguent alors par la déviation des contours.

5. Ce que notre auteur dit au sujet des fanatiques, a également besoin d'être expliqué plus clairement.

Selon lui, *les fanatiques ont ordinairement le visage plat et perpendiculaire.* Il fallait dire plutôt, un visage ovale, cylindrique et pointu par le haut. Encore cette forme ne convient-elle qu'à l'espèce de fanatiques qui le sont de sang-froid et toute leur vie. Les autres, c'est-à-dire ceux qui prennent les rêveries de leur imagination pour des sensations réelles, et leurs illusions pour un effet des sens, ont rarement des têtes cylindriques et pointues. Les têtes pointues, quand elles se livrent au faux enthousiasme, s'attachent à des mots et à des signes dont elles ne comprennent ni le sens ni la valeur. Ce sont des fanatiques philosophes, et rien n'est fiction chez eux. Ceux au contraire qui sont fanatiques par imagination ou par sentiment, n'ont presque jamais des physionomies plates et uniformes.

« 6. Les fronts perpendiculaires sont communs aux gens opiniâtres et aux fanatiques. »

La perpendicularité indique toujours la froideur du tempérament, un défaut d'élasticité et de capacité, et par conséquent une solidité qui peut se changer en fermeté, en opiniâtreté, ou en fanatisme. Une perpendicularité complète et un défaut total de jugement signifient une seule et même chose.

« 7. Il y a pour chaque disposition d'esprit une mine, ou un certain mouvement des muscles du visage. Par conséquent, en observant quelle est la mine la plus naturelle et la plus habituelle d'un homme, on connaîtra aussi les dispositions qui lui sont naturelles et familières. Je m'explique ; la conformation primitive du visage est telle, que cette mine-ci devient plus facile à l'un, et celle-là à un autre. Un imbécile ne réussira jamais à prendre une mine spirituelle ; s'il le pouvait, il cesserait d'être imbécile. Un honnête homme ne parviendra jamais à prendre la mine d'un fripon ; s'il le pouvait, il deviendrait fripon. »

Tout cela est admirable, à l'exception de la dernière proposition. Personne n'est assez homme de bien pour que, dans de certaines circonstances, il ne puisse devenir fripon. Du moins je n'y vois point d'impossibilité physique. Un honnête homme est organisé de manière qu'il pourrait être tenté quelquefois de commettre une friponnerie. La possibilité de la mine existe donc tout aussi-bien que la possibilité de la chose, et l'on doit pouvoir imiter ou contrefaire la mine d'un fripon, sans que pour cela on le devienne. Il en est tout autrement, à mon avis, de la possibilité d'imiter la mine d'un homme de bien. Celui-ci pourra sans difficulté prendre la mine d'un méchant; mais il ne sera pas aisé au scélérat de se donner l'air d'un honnête homme; tout comme malheureusement il en coûte beaucoup moins de devenir méchant que de devenir homme de bien. Le jugement, la sensibilité, le talent, le génie, la vertu, la religion, se perdent bien plus aisément qu'ils ne s'acquièrent. Le meilleur des hommes peut déchoir jusqu'au dernier degré, mais il ne peut pas monter aussi haut qu'il le voudrait. Il est physiquement possible que le sage tombe en démence, et que l'homme de bien devienne méchant; mais il faudrait un miracle pour qu'un idiot-né devînt un philosophe, ou le scélérat un homme vertueux. Une peau d'albâtre peut se noircir et se rider; mais un nègre aura beau se laver, il ne blanchira jamais. Je ne deviendrai pas nègre non plus, si par hasard il me prend envie de noircir mon teint; et je serai tout aussi peu fripon, parce que j'aurai eu la fantaisie d'emprunter la mine d'un fripon.

« 8. Que le physionomiste examine seulement la sorte de mine qui revient le plus souvent dans le même visage : dès qu'il l'aura trouvée, il saura aussi quelle est la disposition habituelle de cet individu. Ce n'est pas que la science physionomique soit pour cela une chose aisée ; il paraît au contraire par-là combien elle suppose, dans celui qui la cultive, de génie, d'imagination et de talent. Non-seulement le physionomiste doit faire attention à ce qu'il voit, mais aussi à ce qu'il verrait dans tel et tel cas donné. »

Cela est très-juste ; et de même qu'un médecin est en état de pressentir, de prévoir et de prédire les couleurs, les mines, les contorsions qui seront le résultat d'une maladie qu'il connaît à fond, de même aussi le vrai physionomiste saura indiquer quelle est la mine, l'expression et le jeu que permet ou exclut chaque système musculaire et chaque structure de front ; il saura quels plis chaque visage pourra et devra prendre ou ne pas prendre, dans tous les cas possibles.

« 9. Faites dessiner une tête par un commençant, et le visage aura toujours un air de stupidité, jamais l'air méchant ou malin. (Observation des plus importantes.) D'où vient ce phénomène, et ne pourrait-il pas servir à nous faire connaître par abstraction ce qui constitue une physionomie stupide ? Je n'en doute pas un instant. C'est que le commençant ne sait point marquer les rapports dans le visage qu'il dessine : les traits sont jetés sur le papier sans aucune liaison. Qu'est-ce donc qu'un visage stupide ? Celui dont les muscles sont conformés ou rangés d'une manière défectueuse; et, comme c'est d'eux que dépend nécessairement l'opération de la pensée et du sentiment, cette opération doit être aussi beaucoup plus paresseuse et plus lente.

» 10. Le physionomiste doit encore observer le crâne, ou plutôt les os en général, qui influent pareillement sur la position des muscles. Celui du front serait-il également bien placé, également propre à la pensée, si l'os avait une surface différente, ou s'il était autrement voûté? La figure du crâne détermine donc la figure et la position des muscles, et ceux-ci, à leur tour, déterminent immédiatement notre façon de penser et de sentir.

» 11. La séparation et la position des cheveux peuvent aussi nous fournir quelques inductions. D'où provient la chevelure crépue du Nègre? c'est de l'épaisseur de sa peau : par une transpiration trop abondante, il s'y attache toujours un plus grand nombre de particules qui condensent et noircissent la peau : par conséquent les cheveux percent difficilement; et à peine ont-ils commencé à poindre, qu'ils frisent déjà, et qu'ils cessent de croître. Ils sont donc subordonnés à la forme du crâne et à la position des muscles. L'arrangement de ceux-ci décide de l'arrangement des cheveux, par lequel le physionomiste est mis en état de juger réciproquement de la position des muscles » (1).

Notre auteur me paraît dans le bon chemin. A ma

(1) Cette explication, tirée de l'ancienne physiologie, n'est pas admissible. *Note des éditeurs.*

connaissance, il est le premier et le seul jusqu'ici qui connaisse et qui sente en physionomiste le rapport, l'harmonie et l'uniformité des différentes parties du corps humain. Ce qu'il dit ici des cheveux est très-fondé, et l'observateur le moins habile peut se convaincre journellement par l'expérience qu'ils servent à indiquer, non-seulement la constitution du corps, mais aussi le caractère d'esprit. Des cheveux blancs, doux et unis, sont toujours la marque d'une organisation faible, délicate et facile à s'irriter, ou plutôt d'une humeur qui s'alarme aisément et qui cède aux moindres impressions. Des cheveux noirs et crépus ne s'associeront jamais à une tête fine et moelleuse. Telle la chevelure, telle aussi la chair: de la chair on peut conclure aux muscles, des muscles aux nerfs, des nerfs aux os, et ainsi du reste. Connaissez une seule de ces parties, et vous connaîtrez toutes les autres, et vous connaîtrez aussi le caractère de l'esprit, sa faculté active et passive, ce dont il est susceptible, et ce qu'il peut produire. Les cheveux courts, rudes, noirs et crépus, supposent le moins d'irritabilité possible; les cheveux blancs et doux supposent précisément le contraire. Dans ce dernier cas, l'irritabilité est sans ressort, et annonce un caractère qui ne résiste point au poids dont on l'accable; au lieu que, dans l'autre cas, il faut s'attendre à un caractère plus fait pour donner que pour recevoir l'impulsion; mais il sera également dénué de ressort.

« La graisse est l'origine des cheveux; c'est pourquoi les parties les plus grasses de notre corps sont aussi les plus garnies de poils : telles que la tête, les aisselles, etc. Withof a remarqué qu'il se trouve à ces endroits une quantité de petits conduits de graisse. Partout où ils manquent, il ne saurait y avoir de cheveux. »

Je suis sûr que, par l'élasticité des cheveux, on pourrait juger de l'élasticité du caractère.

« Les cheveux marquent l'humidité, et on peut s'en servir pour des hygromètres.

» Les habitans des climats froids ont le plus souvent des cheveux blancs, au lieu que, dans les pays chauds, les cheveux noirs sont plus communs.

» Lionel Waser observe que les habitans du détroit de l'Amérique ont des cheveux blanc de lait. Les cheveux verts n'appartiennent guère qu'aux esclaves qui travaillent dans les mines de cuivre. »

Dans les signalemens de voleurs, on ne trouve presque jamais des cheveux blancs, mais d'autant plus souvent des cheveux brun foncé ; quelquefois aussi des cheveux noirs avec des sourcils blancs.

« Les femmes ont les cheveux plus longs que les hommes. »

Un homme qui a de longs cheveux est toujours d'un caractère plus efféminé que mâle ; par conséquent il aurait tort de se vanter d'une longue chevelure comme d'un bel ornement. D'ailleurs ces longs cheveux sont presque toujours blancs, et je ne me souviens pas d'en avoir vu de noirs d'une certaine longueur.

« Les cheveux noirs sont plus rudes que les blancs, et les cheveux des adultes sont aussi plus forts que ceux des jeunes gens. Les anciens regardaient les cheveux rudes comme le signe d'un naturel sauvage :

» *Hispida membra quidem et duræ per brachia setæ*
» *Promittunt atrocem animum.*

» 12. Puisque tout dépend de la constitution des muscles, il faut chercher l'expression de chaque façon de penser et de sentir dans les muscles qui y correspondent. »

Sans doute, il faut l'y chercher, mais peut-être aura-t-on de la peine à l'y trouver; du moins sera-t-il beaucoup plus aisé de déterminer cette expression par la forme du front.

« 13. Le muscle du front est le principal instrument du penseur abstrait; c'est là que l'expression du front se concentre. »

Vraisemblablement dans le voisinage des sourcils, ou dans les sourcils même, ou dans l'intervalle qui les sépare. Je suppose d'ailleurs que cette expression se fait remarquer sur-tout au moment où le penseur vous écoute avec attention, où il prépare sa réponse et ses objections. Saisissez ce moment, et vous aurez trouvé un nouveau signe physionomique des plus intéressans.

« 14. Chez les gens qui ne s'occupent point d'idées abstraites, mais qui se livrent aux choses d'imagination, par conséquent chez les gens d'esprit, les beaux esprits et les grands génies, tous les muscles doivent être avantageusement conformés et disposés; et voilà pourquoi l'on cherche ordinairement l'expression de leur caractère dans l'ensemble de la physionomie. »

Et cependant cette expression se retrouve aisément encore dans le front seul : il sera alors moins aigu, moins droit, moins perpendiculaire, moins sillonné ; et la peau sera moins tendue, plus mobile et plus douce.

« 15. Combien n'en a-t-il pas coûté de persuader aux hommes que la physiognomonie est du moins d'une utilité générale ! »

Et, à l'heure qu'il est, de prétendus esprits forts osent encore contester cette utilité ! Jusqu'à quand persisteront-ils dans leur incrédulité opiniâtre ? Un voyageur, exposé en plein midi aux rayons du soleil, pourra se plaindre de leur trop d'ardeur ; mais, rendu au frais, en reconnaîtra-t-il moins les influences salutaires de l'astre du jour ?

« Qu'il est affligeant d'entendre prononcer sur notre science les jugemens les plus misérables par des savans vraiment distingués, qui seraient faits pour reculer les bornes de l'esprit humain ! Quand viendra le temps où la connaissance de l'homme sera une partie intégrante (et pourquoi pas la partie principale, le centre) de l'histoire naturelle ? temps où la psychologie, la physiognomonie et la physiologie, marcheront de pair et se réuniront pour étendre nos lumières ? »

XI. *Anecdote sur Campanella, tirée des recherches philosophiques sur le sublime et le beau, par Burke.*

« 1. Non-seulement ce Campanella avait fait des observations très-curieuses sur les traits du visage, mais il possédait encore au suprême degré l'art d'en contrefaire les plus frappans. Voulait-il approfondir le caractère de ceux avec qui il était en relation, il en imitait, le plus exactement qu'il pouvait, la physionomie, les gestes et toute l'attitude; puis il étudiait soigneusement la disposition d'esprit dans laquelle cette imitation l'avait placé. De cette manière, il était en état de pénétrer les sentimens et les pensées d'un autre aussi parfaitement que s'il avait pris la place et la forme de celui-ci. » (Au lieu d'*aussi parfaitement*, il eût été plus sûr, je crois, de dire *jusqu'à un certain point.*) En attendant, ce qui est certain, et ce que j'ai souvent éprouvé moi-même, c'est qu'en imitant les traits et les gestes d'un homme colère ou doux, hardi ou timide, je sens en moi un penchant involontaire à la passion dont je tâche d'emprunter les signes extérieurs. Bien plus, je suis convaincu que la chose est presque inévitable, quand même on s'efforcerait d'abstraire la passion des gestes qui lui sont propres. Campanella était tellement le maître de détacher son attention des maux physiques les plus violens, qu'il souffrit même la question sans éprouver de grandes douleurs. D'un autre côté, si, par des raisons particulières, le corps n'est pas disposé à imiter tel geste ou à recevoir telle impulsion qui est le résultat ordinaire d'une certaine passion, il n'est pas susceptible non plus de celle-ci, quand même elle serait excitée par les causes les plus décisives. C'est ainsi que l'opium ou une liqueur forte suspend pour quelque temps, et en dépit de tous les obstacles, l'effet de la tristesse, de la crainte ou de la colère, et cela uniquement parce que le corps est mis dans une disposition contraire à celle qui est produite par ces passions.

« 2. Qui pourra jamais dire en quoi diffère l'organisation d'un imbécile de celle d'un autre homme? »

Le naturaliste, M. de Buffon, par exemple, ou tel autre qui aura pu agiter une pareille question, ne serait pas satisfait de ma réponse, fût-elle une démonstration formelle.

« 3. La meilleure diète et l'exercice le plus salutaire ne peuvent plus rétablir un homme qui est à l'agonie. »

Il y a des physionomies qu'aucune sagesse, qu'aucune force humaine ne saurait redresser; mais ce qui est impossible à l'homme ne l'est point à Dieu.

« 4. Lorsque le ver rongeur est au dedans, l'empreinte de ses ravages se remarque à l'extérieur, qui en paraît tout défiguré. »

L'hypocrite a beau contrefaire cette noble assurance, ce calme de la paix qu'inspire la vertu, son visage n'en sera que plus révoltant aux yeux du physionomiste.

« 5. Otez cet arbre de son climat et de son sol, retirez-le du grand air qui lui est nécessaire, et placez-le dans l'atmosphère étouffée d'une serre; peut-être végétera-t-il encore quelque temps dans un état de langueur; mais voilà tout. Otez cet animal étranger de son élément, nourrissez-le dans une ménagerie; il périra, malgré tous vos soins, ou bien il engraissera trop, et aura bientôt dégénéré. »

Hélas ! c'est le cas d'une infinité de physionomies.

« 6. Le portrait est l'idéal d'un homme donné, et non de l'homme en général. (*Lessing*.) »

Un excellent portrait n'est, selon moi, ni plus ni moins que la forme solide de l'homme réduite en surface, telle qu'une chambre obscure la retrace en plein jour, quand l'original est placé dans sa situation la plus naturelle.

« 7. D'où vient, demandais-je à un de mes amis, que les gens fins et rusés ont coutume de tenir un œil, et quelquefois les deux yeux à demi fermés ? C'est un signe de faiblesse d'esprit, me répondit-il. »

Et en effet, je n'ai jamais vu un homme énergique qui fût rusé ; notre méfiance envers les autres provient du peu de confiance que nous avons en nous-mêmes.

8. Le savant dont je parle, et qui, dans ses jugemens sur l'esprit et les productions de l'esprit, est, à mon avis, au-dessus de dix mille autres juges littéraires ; ce même savant m'a écrit deux lettres admirables sur la physiognomonie. Qu'il me permette d'en citer les passages suivans :

« Je mets au rang des propositions irréfragables, que la première impression est toujours la seule vraie. (Supposé que les objets se trouvent dans le jour et à la place où ils doivent être.) Pour soutenir cette thèse, il me suffit de dire que je suis convaincu du fait, et que je m'en rapporte au sentiment général. L'homme nouveau qui m'apparaît (et qui m'affecte) est pour mon être sensible ce que la lumière du soleil peut être pour un aveugle-né qui recouvre la vue.

» Rousseau a raison, quand il dit de D*** : Cet homme ne me plaît pas, et cependant il ne m'a jamais fait le moindre mal ; mais, avant qu'il en vienne là, je dois rompre avec lui.

» 9. La physiognomonie est aussi nécessaire (et aussi naturelle) à l'homme que le langage.

» 10. Un prince ne saurait tout voir, ni agir toujours par lui-même : il doit donc se connaître en hommes. Il n'a pas le temps d'approfondir son monde ; il doit donc se connaître en physionomie. Un coup-d'œil jeté sur la physionomie d'un homme nous donne une idée plus distincte de son ame, que la plus longue étude de son caractère. »

XII. Passage de la Bible, *ou diverses pensées physiognomoniques tirées de la Sainte-Écriture, avec quelques réflexions servant d'avant-propos.*

Le vrai est toujours vrai, se trouvât-il dans la Bible : voilà ce que je dirai aux contempteurs de la Bible, qui liront, ou qui feuilleteront, ou qui sauteront ce fragment.

Toute vérité est importante et divine, dès que la Bible en fait foi : voilà ce que je dirai aux partisans de ce livre sacré, à ceux que je voudrais fortifier dans leur respect pour l'esprit de l'Écriture.

Il serait superflu de prévenir les uns et les autres que je puis me dispenser d'entrer dans des détails et de faire des combinaisons, mon intention n'étant pas d'expliquer ici les passages de la Bible. Une vérité universellement reçue restera toujours vraie ; et elle ne cesse point de l'être, de ce que dans tel temps et dans tel lieu, tel individu l'applique à tel cas particulier. Chaque parole, non-seulement de l'Écriture, mais de tout homme en général, non-seulement de tout homme en général, mais aussi de l'Écriture; chaque parole doit être prise dans toute la force possible de sa signification, doit être regardée comme un canon de la raison, lorsqu'il s'agit de propositions générales qui ne se rapportent ni à de certaines liaisons, ni à de certaines circonstances, ni à la personne qui parle. Le tout est plus grand que sa partie, celui qui s'élève sera humilié ; voilà des propositions qui signifient tout ce qu'elles peuvent signifier, c'est-à-dire que chaque nouveau cas auquel on en peut faire l'application les confirme et les généralise encore davantage. Plus un mot embrasse de choses, plus une proposition est importante. Et qu'est-ce que l'esprit philosophique, si ce n'est la faculté d'apercevoir un grand nombre de particularités dans le général, et l'ensemble dans chaque partie ?

Je vais donc mettre sous les yeux du lecteur quelques passages physiognomoniques de la Bible, et quelques pensées analogues qui m'ont été suggérées par des passages entièrement étrangers à mon sujet.

A. *David.*

« Tu as mis devant toi nos iniquités, et devant la clarté de ta face nos fautes cachées. (*Psaume* XC, 8.) Vous, les plus brutaux d'entre le peuple, prenez garde à ceci ! et vous, fous, quand serez-vous entendus ? Celui qui a planté l'oreille, n'entendra-t-il point ? Celui qui a formé l'œil, ne verra-t-il point ? Celui qui reprend les nations, celui qui enseigne la science aux hommes, ne tancera-t-il point ? (*Psaume* XCIV, 8, 9, 10.) »

Personne n'est aussi intimement convaincu de la toute science de Dieu, personne ne se sent si decouvert devant Dieu et devant les anges, personne ne retrouve les jugemens du ciel aussi visiblement tracés sur son visage, que celui qui croit à la physiognomonie.

B. *Jésus-Christ.*

« 1. Qui est celui d'entre vous qui par son souci puisse ajouter à sa taille une coudée ? Pourquoi donc êtes-vous en souci du reste ? Cherchez premièrement le royaume de Dieu et sa justice, et toutes choses vous seront données par-dessus. (*Matth.*, V, 27, 28, 33.) »

Ce n'est point par des soucis non plus que tu changeras ta figure ; mais l'amendement de l'intérieur embellira aussi l'extérieur. Prends soin seulement de ce qui est au dedans de toi, et tu n'auras rien à craindre pour le dehors. Si la racine est sanctifiée, les branches le seront aussi.

« 2. Quand vous jeûnerez, ne prenez point un air triste, comme les hypocrites; car ils se rendent tout défaits de visage, afin qu'il apparaisse aux hommes qu'ils jeûnent. En verité, je vous dis qu'ils reçoivent leur salaire. Mais toi, quand tu jeûnes, oins ta tête et lave ton visage, afin qu'il ne paraisse point aux hommes que tu jeûnes, mais à ton père qui est en secret; et ton père qui le voit en secret, te le rendra à découvert. (*Matth.*, VI, 16, 17, 18.) »

Nous pouvons cacher devant les hommes nos vertus et nos vices; mais ni les uns ni les autres ne restent inconnus au père qui voit en secret, et à ceux qui sont animés de son esprit, de cet esprit qui non-seulement pénètre les profondeurs du cœur humain, mais jusqu'aux profondeurs de la Divinité. Celui qui prend à tâche, et se propose pour but de faire apparaître sur son visage ce qu'il y a de bon en lui, celui-là a déjà reçu son salaire.

« 3. L'œil est la lumière du corps: si donc ton œil est simple, tout ton corps sera éclairé; mais si ton œil est mauvais ton corps sera ténébreux: si donc la lumière qui est en toi n'est que ténèbres, combien seront grandes ces ténèbres-là! (*Matth.*, VI, 22, 23.) Regarde donc que la lumière qui est en toi ne soit des ténèbres. Si donc tout ton corps est éclairé, n'ayant aucune partie ténébreuse, il sera tout éclairé, comme quand la chandelle l'éclaire par sa lumière. (*Luc*, XII, 35, 36.) »

Voilà autant de vérités physiognomoniques, qui sont encore vraies à la lettre. Un œil sain suppose un corps sain : tel l'œil, tel le corps. Avec un regard ténébreux, tout le corps se ressentira d'une disposition sombre et chagrine ; avec un regard pur, toutes les parties et tous les mouvemens du corps seront purs, aisés, nobles. Si l'œil est privé de lumière (j'excepte les maladies et les accidens), le corps en entier sera rude et dur, morne et mélancolique, lourd et épais comme les ténèbres de la nuit. Et d'un autre côté il est encore vrai, suivant les règles de la physiognomonie, que si le corps n'a rien de dérangé, de choquant, de ténébreux, de rude, d'hétérogène et de rapporté, alors tout y est sain, tout y est en harmonie ; alors aussi tout est calme et serein autour de toi ; tu vois tous les objets dans le jour le plus avantageux ; tout se présente sous une face nouvelle, tout devient clarté. Que ton œil soit donc simple, sain et impartial ! Envisage chaque chose pour ce qu'elle est et telle qu'elle est, sans ajouter, sans changer et sans diminuer.

« 4. Une partie de la semence tombe auprès du chemin, et les oiseaux viennent et la mangent toute. Et l'autre partie tombe dans des lieux pierreux, où elle n'a guère de terre, et aussitôt elle lève, parce qu'elle n'entre pas profondément en terre ; et le soleil étant levé, elle est havie, et parce qu'elle n'a point de racine, elle sèche. Et l'autre partie tombe entre les épines, et les épines montent et l'étouffent. Et l'autre partie tombe dans une bonne terre, et rend du fruit, un grain cent, l'autre soixante et l'autre trente. (*Matth.* XIII, 4-8.) ».

Il y a trois sortes de gens, trois sortes de physionomies qui ne sont susceptibles d'aucune culture. Chez les uns la semence est perdue et devient la pâture des oiseaux de proie; chez les autres elle tombe sur un fonds pierreux, qui n'a pas assez de terre ou de chair; ou bien elle rencontre de mauvaises habitudes qui étouffent le bon grain. Mais il est aussi des visages où les os et les chairs sont de nature à promettre une moisson abondante, où tout est dans le plus parfait accord, et où l'ivraie des mauvaises habitudes n'est pas à craindre.

« 5. A celui qui a, il lui sera donné, et il en aura encore plus; mais à celui qui n'a rien, même ce qu'il a lui sera ôté. (*Matth.*, XIII, 12.) »

Ceci peut s'appliquer encore aux bonnes et aux mauvaises physionomies. Celui qui ne s'écarte point des heureuses dispositions qu'il a reçues, celui qui les suit et les met à profit; celui-là s'ennoblira à vue d'œil dans son extérieur: au contraire, la physionomie du méchant s'altérera, et les beaux traits qui lui avaient été donnés s'effaceront à mesure qu'il continuera à dégénérer; mais les restes inaltérables qui se retracent toujours dans les parties solides et dans les contours, seront aux yeux de l'observateur le triste monument d'une grandeur passée; semblable aux belles ruines d'un édifice majestueux qui, dans sa décadence même, offre un aspect imposant, mais en même temps mélancolique.

« 6. Prenez garde de ne mépriser aucun de ces petits; car je vous dis que dans les cieux leurs anges voient toujours la face de mon père qui est aux cieux. (*Matth.* , XVIII , 10.) »

Peut-être les anges aperçoivent-ils la face du père céleste dans le visage de jeunes enfans : peut-être retrouvent-ils dans leurs traits simples et ingénus une expression divine, qui reluit comme le feu du diamant.

« 7. Il y a des eunuques qui sont ainsi nés du ventre de leur mère ; il y a des eunuques qui ont été faits eunuques par des hommes ; et il y a des eunuques qui se sont faits eunuques eux-mêmes pour le royaume des cieux. (*Marc*, XIX, 12.) »

Rien de plus philosophique ni de plus exact que cette classification. Il est des gens qui naissent avec un caractère énergique, continent, sage, aimable : ils n'exigent pas de grands secours : il semble que la nature elle-même a pris soin de les cultiver. Ensuite il y a des gens factices qui, à force d'application, ont passé par tous les grades de la culture. Parmi ceux-ci les uns se gâtent entièrement ; les autres se durcissent par des privations et des sacrifices outrés ; d'autres enfin, tendant toutes les facultés de leur ame, saisissant et mettant en usage tous les moyens capables de les former, parviennent à un degré supérieur de culture.

« 8. Ecoutez et entendez. Ce n'est pas ce qui entre dans la bouche qui souille l'homme ; car ce qui entre dans la bouche n'entre point dans le cœur, mais au ventre, et sort dehors au retrait, purgeant toutes les viandes ; mais ce qui sort de la bouche sort du dedans, et souille l'homme. (*Matth.*, XV, 10, 11. *Marc*, VII, 18, 23.) »

Ceci est encore vrai en physiognomonie : ni les accidens extérieurs, ni les taches qui s'effacent, ni les plaies qui peuvent se guérir, ni même les plus profondes cicatrices, ne suffisent aux yeux du physionomiste pour souiller le visage ; tout comme il n'est pas de fard qui puisse l'embellir : quand même vous vous blanchiriez avec du nitre, et que vous vous parfumeriez avec du borit, vous n'en seriez pas moins hideux ; car c'est du cœur que passent dans les traits et dans les mines les mauvaises pensées, les paillardises, les adultères, l'impureté, l'envie, la méchanceté, la fraude, la calomnie, la haine et le meurtre. Il y a un pharisaïsme physionomique, tout comme il y en a un religieux ; et, à les examiner de près, ils ne sont peut-être qu'une seule et même chose. Je le répéterai souvent : Purifie l'intérieur, et le dehors sera pur. Sois bon et estimable, et tu le paraîtras. Ce que l'on est, on le paraît, ou du moins on le paraîtra tôt ou tard.

« 9. Ce qui est haut devant les hommes, est abomination devant Dieu. (*Luc*, XVI, 15.) »

Il y a tant de physionomies qui ressemblent à des sépulcres blanchis ! les ossemens ne paraissent pas, mais l'odeur pénètre au travers des murailles, des chairs et des muscles. Combien de beautés que le vulgaire idolâtre, et qui font reculer d'effroi le physionomiste, et qui lui arrachent des larmes, ou le remplissent d'indignation !

« Vous paraissez justes par dehors aux hommes,

mais au dedans vous êtes pleins d'hypocrisie et d'iniquité. (*Matth.*, XXIII, 28.) Insensés, celui qui a fait le dehors n'a-t-il pas fait aussi le dedans? (*Luc*, XI, 40.) »

Et réciproquement, celui qui a fait le dedans n'a-t-il pas fait le dehors? mais le dedans est plus immédiatement son ouvrage. L'homme qui sera pur au dedans le sera aussi au dehors ; sa céleste origine se peindra dans ses traits.

« Donnez en aumône ce que vous avez, et voici toutes choses vous seront nettes. (V. 41.) »

Ayez le véritable amour, et toutes les âmes sensibles le partageront avec vous.

« 10. En vérité, je vous dis que toutes sortes de péchés seront pardonnés aux enfans des hommes, et toutes sortes de blasphèmes par lesquels ils auront blasphémé le Fils de l'homme ; mais quiconque aura blasphémé contre le Saint-Esprit n'aura jamais de pardon, mais il sera sujet à une condamnation éternelle. C'est parce qu'ils disaient, il a l'esprit immonde. (*Marc*, III, 28-30.) »

Méconnaître son prochain, ne pas sentir la candeur qu'annonce sa physionomie, ne pas savoir apprécier les bonnes qualités qu'il a, son désir d'obliger, son caractère pacifique, c'est sans doute la marque d'une grande dureté de cœur et d'une extrême rudesse de mœurs : celui qui en est capable n'est certainement pas ce qu'il devrait être ; cependant son erreur est pardonnable, et c'était là le cas de ceux qui blasphémaient le Fils de l'homme, et de ceux auxquels les humiliations du Messie étaient un scandale. Mais sentir ces perfections, sentir l'esprit de celui qui les possède, et pourtant le blasphémer, voilà ce qui est impardonnable. Quel crime n'était-ce donc pas de blasphémer l'esprit de Jésus-Christ, qui se manifestait et se faisait sentir dans ses traits comme dans ses actions ? C'est assurément aussi un crime de lèse-majesté divine que d'outrager une physionomie pleine d'onction et d'esprit, et on peut regarder comme une leçon générale cette exhortation de l'esprit de vérité : « Ne touchez point à mes oints ; ne faites point de mal à mes prophètes. » Celui qui endommage un tableau de Raphaël sans en avoir connu le mérite, est un ignorant ou un fou ; mais celui qui sait l'apprécier, qui en sent les beautés, et le met en pièces malgré cela, vous lui donnerez vous-même le nom qui lui convient.

« 11. Vous jugez selon la chair ; moi, je ne juge personne. (*Jean*, VIII, 15.) »

Ils jugeaient selon la chair et ne voyaient pas l'esprit du visage. Ils ne voyaient que le Galileen et ne voyaient pas l'homme ; ils condamnaient l'homme à cause du Galileen. Ce n'est pas ainsi que jugeait Jésus-Christ. Ce n'est pas ainsi que juge le sage, le physionomiste ami de l'humanité : il ne considère ni l'habit, ni les ornemens, ni les marques d'honneur ; il fait abstraction du nom, de la célébrité, de l'autorité, des richesses ; c'est l'homme en lui-même, c'est sa forme qu'il examine, qu'il apprécie et qu'il juge.

C. *Saint Paul.*

« 1. Un peu de levain fait lever toute la pâte. (*Gal.*, V, 9.) »

Le moindre mélange de méchanceté gâte souvent toute la physionomie. Un seul trait désagréable suffit pour faire une caricature de l'ensemble. Un seul trait oblique dans la bouche d'un envieux , d'un fourbe , d'un avare, d'un hypocrite ou d'un homme mordant, a quelque chose de si révoltant, de si venimeux, que souvent il nous fait oublier ce que la physionomie a d'ailleurs d'intéressant et de réellement bon.

« 2. Ce que l'homme aura semé , il le moissonnera aussi : c'est pourquoi celui qui sème à la chair moissonnera aussi de la chair la corruption ; mais celui qui sème à l'esprit moissonnera de l'esprit la vie éternelle. (*Gal.* , VI , 7, 8.) »

C'est ce que le physionomiste est à portée d'observer et d'éprouver tous les jours. Chaque intention, chaque action est une semence, et telle la semence, telle aussi la moisson. Les actions de l'esprit, du cœur et du sentiment , retracent sur la physionomie de l'homme le caractère de son immortalité ; les actions de la chair et de la sensualité y laissent des marques de sa mortalité.

« 3. La folie de Dieu est plus sage que les hommes, et la faiblesse de Dieu est plus forte que les hommes ; car, mes frères , vous voyez votre vocation ; que vous n'êtes pas beaucoup de sages selon la chair , ni beaucoup de puissans, ni beaucoup de nobles; mais Dieu a choisi les choses faibles de ce monde pour rendre confuses les fortes, afin que nulle chair ne se glorifie devant lui. (1 *Cor.*, I, 25-29.) »

Ce n'est point la grandeur d'un Eliab ou d'un Saül qui est agréable à Dieu; car l'Éternel n'a point égard à ce à quoi l'homme a égard. Mais combien de physionomies négligées, méprisées ou opprimées, qui portent cependant l'empreinte de leur élection! Nombre d'hommes que personne n'a trouvé beaux, le sont pourtant aux yeux du ciel. Il n'est pas un seul des favoris de Dieu, quelque désavantageuse que soit sa figure, dont le visage ne laisse apercevoir un rayon de la Divinité. Nous l'avons déjà dit, personne n'est assez laid, pour qu'il ne puisse devenir aimable et intéressant par le sentiment et par la vertu.

« 4. Ne savez-vous pas que votre corps est le temple du Saint-Esprit, qui est en vous et que vous avez de Dieu? (1. *Cor.*, VI, 19.) Si quelqu'un détruit le temple de Dieu, Dieu le détruira; car le temple de Dieu est saint, et vous êtes ce temple. (III, 17.) Ne détruis point celui pour lequel le Christ est mort. (*Rom.*, XIV, 15.) »

Le respect pour l'humanité, voilà le seul et le plus solide fondement de toute vertu. Pouvait-on honorer davantage le corps de l'homme, qu'en l'appelant le temple de l'esprit de Dieu, le sanctuaire où la Divinité rend ses oracles? Que pouvait-on dire de plus fort, en parlant de la dépravation de ce corps, que de l'appeler une profanation, un sacrilége, un outrage commis contre l'image de la Divinité?

5. Finissons par ce passage remarquable, tiré du neuvième chapitre de l'épître aux Romains.

« Avant que les enfans fussent nés, et qu'ils eussent fait ni bien ni mal, afin que le propos arrêté selon l'élection de Dieu demeurât, non point par les œuvres, mais par celui qui appelle, il lui fut dit : Le plus grand sera asservi au moindre : ainsi qu'il est écrit : J'ai aimé Jacob, et j'ai haï Esaü. Que dirons-nous donc? y a-t-il de l'iniquité en Dieu? Ainsi n'avienne! car il dit à Moïse : J'aurai compassion de celui de qui j'aurai compassion, et je ferai miséricorde à celui à qui je ferai miséricorde. Ce n'est donc point du voulant, ni du courant, mais de Dieu qui fait miséricorde ; car l'Écriture dit à Pharaon : Je t'ai suscité à cette propre fin pour démontrer en toi ma puissance, et afin que ton nom soit publié dans toute la terre. Il a donc compassion de celui qu'il veut, et il endurcit celui qu'il veut ; or tu me diras : Pourquoi se plaint-il encore? car qui est celui qui peut résister à sa volonté? Mais plutôt, ô homme, qui est-tu, toi qui contestes contre Dieu? La chose formée dira-t-elle à celui qui l'a formée : Pourquoi m'as-tu ainsi faite? Le potier de terre n'a-t-il pas la puissance de faire d'une même masse de terre un vaisseau à honneur, et un autre à déshonneur? Et qu'est-ce, si Dieu en voulant montrer sa colère, et donner à connaître sa puissance, a toléré en grande patience les vaisseaux de colère, préparés pour la perdition, et afin de donner à connaître les richesses de sa gloire dans les vaisseaux de miséricorde, qu'il a préparés pour la gloire? »

Ce passage ne doit effrayer personne. Il n'y a qu'un esprit peu judicieux et peu éclairé qui puisse s'alarmer de ce qu'il a plu à Dieu de dire et de faire. Pourrions-nous attendre du meilleur des êtres, des actions ou des paroles qui ne fussent souverainement bonnes?... Une fois pour toutes, il existe des différences entre les hommes, et il est impossible d'expliquer ces différences ni par des raisonnemens, ni par des hypothèses. Les uns ont été avantagés, et les autres disgraciés du côté de la figure. Les uns sont doués de talens extraordinaires, les autres n'ont reçu en partage qu'une intelligence bornée. La chose dépendait uniquement de la volonté suprême de Dieu, et il n'en est responsable à personne. Il y a des gens d'un naturel doux et bon, tout comme il y en a dont le caractère est intraitable et pervers. De même que dans la société il ne saurait y avoir des riches sans qu'il y ait des pauvres, de même aussi il ne saurait y avoir de conditions relevées, sans qu'il y ait des conditions médiocres. Par-tout où il y a des rapports et des résultats réciproques, il doit y avoir nécessairement des différences, des inégalités, des oppositions et des contrastes. Mais à la fin chacun de nous sera content, et de lui-même et de tout le reste, s'il a fait ce qui était en lui pour contribuer à l'avancement de son bonheur et de celui de ses semblables. L'imperfection ne saurait jamais être le but que Dieu se propose, et c'est ce que l'Apôtre nous annonce dans la conclusion de son discours : « Dieu les a tous renfermés dans la rébellion, afin de faire miséricorde à tous. O profondeur des richesses et de la sagesse de la connaissance de Dieu ! que ses jugemens sont incompréhensibles, et ses voies impossibles à trouver ! car qui est-ce qui a connu la pensée du Seigneur? ou qui a été son conseiller? ou qui est-ce qui lui a donné le premier, et il lui sera rendu? Car de lui, et par lui, et pour lui sont toutes choses. A lui soit gloire éternellement ! Amen. »

XIII. *Passages de la Bible pour servir de consolation à ceux dont la physionomie s'est détériorée par leur faute.*

« Mon frère, ton visage est changé, et la dépravation de ton cœur est peinte sur ton front. Ton propre regard t'effraie ; l'amertume et la honte rongent la moelle de tes os. Rendu au silence de ton cabinet, étendu sur ta couche où le sommeil te fuit, tu songes au malheur de ta situation ; tu te sens indigne des applaudissemens et des éloges que te donnent tes amis ; tu t'emportes contre toi-même, et tu te rappelles en gémissant l'innocence et la simplicité de ta jeunesse. Ne désespère pas, mon frère ! il est des secours pour toi ; qu'ils raniment ton courage ! Quelque altérés que soient les traits de ta physionomie, il n'en est pas un seul que tu ne puisses corriger et ennoblir. Tu n'étais pas destiné à rester toujours un enfant innocent, et tu ne le pouvais pas ; c'est en bronchant et en tombant que tu devais apprendre à marcher et à courir. Fusses-tu blessé et meurtri, fusses-tu enfoncé dans un abîme, il y a une main proche de toi, qui peut te relever, te fortifier et te guérir. Quand je lis les écrits de ceux qui ont éprouvé le plus l'assistance de cette main secourable, mon ame se remplit de joie, et j'adore en silence. Quoiqu'ils fussent des hommes comme nous, exposés à la tentation, souvent très-éloignés du bon chemin, livrés à l'orgueil ou plongés dans l'indolence; quoiqu'ils fussent infidèles à la foi et blasphémateurs, la main puissante dont je parle les a sauvés, tantôt en arrachant le voile dont le préjugé et l'erreur couvraient leurs yeux; tantôt en brisant les chaînes des passions qui les tenaient captifs : voilà ce qu'ils attestent, et ce qui serait vrai, quand même ils ne l'attesteraient pas. Que nos cœurs donc s'ouvrent aux consolations que Dieu nous adresse par leurs bouches, et que ces cœurs se réjouissent! « Le père des esprits de toute chair tient tes reins en sa puissance; il t'a enveloppé au ventre de ta mère. (*Psaume* CXXXIX, 27.) Je suis l'Éternel, le Dieu de toute chair : y aura-t-il rien qui me soit difficile? (*Jérémie*, XXXII, 27.) Il fait ce qu'il lui plaît, tant dans l'armée des cieux que parmi les habitans de la terre; et il n'y a personne qui empêche sa main. (*Daniel*, IV, 35.) Sans doute, tu ne peux faire blanc ou noir un seul cheveu de ta tête. (*Matth.*, V, 36.) Mais ce qui est aussi impossible que de faire passer un chameau par le trou d'une aiguille, est pourtant possible à Dieu. (XIX, 24, 26.) Les jeunes gens se lassent et se travaillent, même les jeunes gens d'élite trébuchent lourdement. Mais ceux qui s'attendent à l'Éternel reprennent de nouvelles forces : les ailes leur reviennent comme aux aigles ; ils courront et ne se travailleront point ; ils marcheront et ne se lasseront point. (*Isaï*, XL, 30, 31.) Toute nature de bêtes sauvages et d'oiseaux, de reptiles et de poissons de mer, se dompte et a été domptée par la nature humaine. (*Jacques*, III, 9.) » Et le Tout-Puissant ne dompterait pas le cœur farouche de l'homme, il ne rétablirait pas les traits de la physionomie détériorée, lui « qui peut faire naître, des pierres même, des enfans à Abraham ! (*Matth.*, III, 9.) Qui a fait la bouche de l'homme, ou qui a fait le muet, ou le sourd, ou le voyant, ou l'aveugle ? n'est-ce pas moi ? l'Éternel ? (*Exode*, IV, 11.) Celui qui a formé le cœur de l'homme et qui connaît ses œuvres, te lavera, et tu seras plus blanc que la neige. (*Psaume*, LI, 9.) Il conduit les cœurs des rois et des sujets, comme des ruisseaux, par-tout où il veut...... Le Seigneur est ta force, et il donne à tes pieds la vitesse de la biche.... Il ôte le cœur de pierre, et met en place un cœur de chair.... Il ne coud point une pièce de drap neuf à un vieux vêtement, et ne met point le vin nouveau dans de vieux vaisseaux. (*Marc*, II, 21, 22.) » Il ne met point sur un visage dépravé un masque de vertu. Il opère sur l'intérieur, sur ce qui reste encore de bon, afin que le bon se répande et absorbe le mauvais ; car l'ivraie ne devient jamais froment ; et ce qu'il a commencé, il l'achève. « Il émonde le sarment qui porte du fruit, afin qu'il porte plus de fruit. (*Jean*, XV, 2.) Il nettoie son église, afin qu'il se la rende glorieuse, n'ayant ni tache, ni ride, ni autre chose semblable. (*Ephes.*, V, 27.) Et celui qui vous nettoie est un homme qui fut semblable en toute chose à ses frères, afin qu'il fût un souverain sacrificateur, miséricordieux et fidèle. Et, parce qu'il a souffert étant tenté, il est puissant aussi pour secourir ceux qui sont tentés. (*Hébr.*, II, 17, 18.) Mais aussi ne souille pas ensuite de nouveau ce que Dieu a nettoyé. »

Telles sont, mon frère, les consolations que t'adresse l'esprit de vérité. Ne va pas me répondre d'un ton ironique que je prêche ici; le reproche ne me toucherait point. Je suis ministre du Saint-Évangile, et je crains tout aussi peu de l'être dans mes fragmens sur la physionomie que dans la chaire de Zurich. La religion est physiognomonie pour moi, et celle-ci rentre à son tour dans la religion. Elle découvre par la forme et par la mine ce qu'il y a de bon dans l'homme de bien, ce qu'il y a de pervers dans le méchant; elle est le triomphe de la vertu sur le vice, de ce qui est divin sur ce qui est contraire à Dieu; elle montre le péché détruit par la foi, et la mort engloutie par la vie; elle indique si nous sommes « renouvelés dans l'esprit de notre entendement, si nous sommes revêtus du nouvel homme, créé selon Dieu en justice et en vraie sainteté. (*Ephes.*, IV, 23, 24.) » Voilà ma religion et ma physiognomonie. Si notre corps est pour le Seigneur, si nos corps sont les membres de Christ, si celui qui est joint au Seigneur est un même esprit avec lui, que n'est alors la physiognomonie?

XIV. *Kæmpf.*

« 1. N'EN serait-il pas de la physiognomonie comme du miroir entre les mains d'une laide femme ? »

Et entre les mains d'une belle, ajouterai-je. Si un connaisseur nous fait sentir l'excellence et le prix d'un tableau que nous possédons, ne le conserverons-nous pas d'autant plus soigneusement ? Que la physiognomonie soit pour nous comme un miroir, nous consulterons ce miroir attentivement, et, avec son secours, nous tâcherons de corriger les défauts et d'embellir les traits de notre visage. Il n'y a que l'insensé qui puisse se contempler dans ce miroir avec une fade complaisance, et se faire volontairement illusion. « Si, après s'être considéré lui-même et s'en être allé, il a aussitôt oublié quel il était, c'est une nouvelle preuve de sa folie. (*Jacques*, I, 24.) » Que cette science soit pour nous un tableau où nous voyons tracées et la dignité de notre nature, et la gloire de notre destination, nous ne négligerons pas un tableau si intéressant ; nous en aurons au contraire un soin tout particulier, et nous veillerons sur tous les accidens qui pourraient le dégrader. Rien n'est plus propre à nous préserver de l'avilissement et de la dépravation que la connaissance de ce que nous valons. Ne craignez pas que cette connaissance vous donne de la vanité et de l'orgueil, elle ne fera que vous inspirer cette noble fierté qui élève l'ame et l'agrandit, qui entretient le goût des choses honnêtes, et qui nous excite aux grandes actions.

« 2. Chaque tempérament, chaque caractère a son bon et son mauvais côté. Tel homme a des capacités qui ne se trouvent point dans un autre, et les dons de la nature ont été répartis différemment. La monnaie d'or a plus de valeur que l'argent blanc, et cependant celui-ci est d'un plus grand usage pour les besoins de la société. La tulipe plaît par sa beauté ; l'œillet flatte l'odorat ; l'absinthe est sans apparence, elle répugne au goût et à l'odeur, mais elle a des vertus qui la rendent précieuse, et de cette manière chaque chose contribue à la perfection de l'ensemble.

» De même que le corps est composé de plusieurs membres, qui tous ont des opérations différentes, de même aussi plusieurs d'entre nous ne font qu'un seul corps, et chacun a reçu des dons différens. Si le pied disait : Je ne suis pas la main, ne serait-il pourtant pas du corps ? Si tout le corps était l'œil, où serait l'ouïe ? et ainsi du reste. L'œil ne peut pas dire à la main : Je n'ai que faire de toi. Les membres que nous estimons les moins honorables au corps, nous les ornons avec plus de soin. Dieu a apporté ce tempérament dans notre corps, qu'il a donné plus d'honneur à ce qui en manquait, afin qu'il n'y ait point de division au corps, mais que les membres aient un soin mutuel les uns des autres. (1. *Cor.* XII, 14-25.) »

Seulement que chacun reste dans la vocation à laquelle Dieu l'a appelé. L'œillet ne prétendra point à être tulipe, ni le doigt à être œil. Le faible ne doit pas avoir l'ambition de s'élancer dans la sphère du fort. Chacun a sa propre sphère, comme sa propre forme.

Vouloir sortir de sa sphère, ce serait vouloir placer sa tête sur un autre corps.

Sortir des bornes de sa condition, aspirer à être ce que l'on n'est pas, c'est pécher contre soi-même et contre l'ordre de la nature; et cependant, rien de plus commun que ce péché. Je me plais à dire quelquefois que la plupart de nos transgressions sont des adultères physionomiques. On n'aperçoit pas, on n'apprécie pas, on n'aime et on ne cultive pas ce qu'on possède et ce que l'on est. On se tourmente pour sortir de sa sphère; on s'est jeté dans une autre, on y est déplacé, on y dégénère, et on finit par ne plus être rien du tout, c'est-à-dire, ni ce qu'on est, ni ce qu'on voulait être.

« 3. L'activité de notre nature est telle, à ce qu'on assure, qu'après l'espace révolu de moins d'une année, il ne reste presque plus une seule particule de notre ancien corps; et néanmoins nous n'apercevons aucun changement dans notre naturel, malgré toutes les variations que notre corps éprouve par les différences des alimens et de l'air. La différence de l'air et du genre de vie ne change point le tempérament. »

La raison en est que la base fondamentale du caractère est plus profonde que tout cela; elle est, à bien des égards, indépendante de toute influence accidentelle. Apparemment qu'il existe une tissure spirituelle, immortelle, dans laquelle ce qu'il y a en nous de visible, de corruptible, de transitoire, est enlacé. Ou bien il se trouve dans l'agent intérieur de la nature humaine un certain ressort, qui est déterminé par la matière, autant que par les contours ou les limites de l'ensemble;

une certaine force individuelle, extensive ou intensive, qu'aucune influence extérieure, qu'aucun accident, ne sauraient changer radicalement ou essentiellement, et qui ne peut rien perdre de son caractère constitutif.

« 4. Certaines gens ont naturellement quelque chose de si grand et de si noble dans le regard, qu'ils inspirent le respect dès le premier abord : ce n'est point une dure contrainte qui donne cet air de grandeur; il est l'effet d'une force cachée qui assure à ceux qui l'ont une supériorité décidée sur les autres. Quand la nature imprime sur le front de quelqu'un cet air de grandeur, elle le destine par là même au commandement. Vous sentez en lui un pouvoir secret, qui vous subjugue, et auquel vous devez céder, sans savoir pourquoi. Avec cet extérieur de majesté, on règne en souverain parmi les hommes. » (*Oracle de Gratien*, *maxime* XLII.)

Cet air de noblesse, cet air de maître, cette supériorité décidée qui ne saurait être méconnue de personne, cette dignité innée, a son siége dans le regard, dans le contour et la forme des paupières ; le nez alors est presque toujours fort osseux près de la racine ; il est aussi un peu arqué, et son contour a quelque chose d'extraordinaire. Qu'on se rappelle les bons portraits de Henri IV, de Louis XIV, de Bonsard, de van Dick et d'autres

« 5. Il n'y a que quatre sortes principales de regards, qui toutes sont très-différentes les unes des autres; c'est-à-dire que le regard est ou vif, ou endormi, ou fixe, ou vague. »

Pour faire la preuve d'une proposition générale, il suffit d'examiner si elle peut être appliquée à des cas particuliers. Rapportez chaque assertion physionomique au visage d'un de vos amis ou de vos ennemis, et vous démêlerez bientôt ce que la remarque contient de vrai ou de faux, de précis ou de vague. Faisons-en l'essai sur l'observation que je viens de citer, et nous verrons certainement que nombre de regards ne sauraient être compris sous ces quatre dénominations générales. Tel est le regard serein, si prodigieusement différent du regard vif, et qui n'est et ne doit pas être ni aussi fixe que le regard mélancolique, ni aussi vague que le regard sanguin. Tel est encore un coup-d'œil en même temps fixe et rapide, qui, pour ainsi dire, saisit et perd les objets. Il y a un autre regard qui est à-la-fois calme et agité, sans être ni flegmatique, ni colère. On pourrait, si je ne me trompe, imaginer pour les regards des classifications plus heureuses que celles de notre auteur; les diviser, par exemple, en actifs, en passifs, et en ceux qui ont ces deux qualités en même temps; en intensifs, attractifs, répulsifs et indifférens; tendus, relâchés et forcés, expressifs et inexpressifs; tranquilles, permanens et nonchalans; ouverts et réservés; simples et composés; droits et égarés, froids et amoureux; mous, fermes, hardis, sincères, etc.

XV. *Addition.*

Il en est des opinions et des jugemens en matière de physionomie, comme de toutes les opinions, de tous les jugemens en général. Si l'on voulait prévenir tout mal entendu, toute contradiction, il faudrait pour jamais renoncer à juger. Personne n'a droit de prétendre que ses jugemens soient la règle universelle des opinions d'autrui. Ce qui paraît aux uns beau, divin, incomparable, est rejeté par d'autres avec indifférence, ou même avec mépris. Mais qu'on se garde bien d'abuser de cette vérité en disant : « Ce qui paraît beau et bon à l'un n'est plus tel aux yeux d'un autre ; donc rien n'est déterminé, donc la science des physionomies n'est qu'une chimère ! »

Bien loin de là, et je soutiens que chaque jugement a pour ainsi dire sa physionomie, tout comme chaque objet a la sienne, et que la diversité des jugemens n'est nullement une preuve de la mutabilité de l'objet. Prenons pour exemple un livre qui peint des couleurs les plus vives les plaisirs et les peines de l'amour. Tous les jeunes gens s'en emparent, ils le dévorent, l'exaltent, en font leurs délices. Le même ouvrage tombe entre les mains d'un vieillard, il le referme tranquillement, ou peut-être avec chagrin. « Des fadaises amoureuses ! s'écrie-t-il ; hélas ! c'est le goût du siècle; mais qu'est-il besoin d'écrire sur ces matières? » Qu'après cela les champions des deux partis se trouvent rassemblés : l'un soutiendra que l'ouvrage est excellent, l'autre qu'il est pitoyable. Lequel a raison ? et qui pourra décider entre eux ? Personne que le physionomiste. Il s'adresse aux combattans, et leur dit : « Calmez-vous ; votre querelle ne roule que sur les mots *excellent* et *pitoyable ;* mais le livre dont vous parlez est également loin de ces deux extrêmes. Voici pourquoi il fait sur vous des impressions si différentes. Toi, bon jeune homme, tu te retrouves dans le héros du roman ; ce héros a tes agrémens, tes goûts, tes illusions ; il pense, il sent comme toi, et tu applaudis à ton semblable. Et vous, bon vieillard, vous l'aimeriez aussi cet ouvrage, s'il renfermait des maximes de sagesse et les leçons de l'expérience. »

Ainsi donc des jugemens si opposés sur le même livre caractérisent ceux qui les prononcent, et il faut recourir à un arbitre de sang-froid pour apprécier l'ouvrage à sa juste valeur.

Mais sommes-nous bien sûrs que cet arbitre sera toujours de sang-froid, et ne penchera-t-il jamais vers son pareil ? Cela peut arriver, mais aussi cet arbitre n'est qu'un homme, et voilà pourquoi nous ne donnons ici que des essais, de simples fragmens, qui pourtant ont aussi leur physionomie ; et chaque jugement prononcé de bonne foi par nos lecteurs pourra servir d'addition à nos fragmens.

Tout dans le monde est lié par des rapports ; c'est une vérité que nous ramènerons encore plus d'une fois. L'universalité des rapports n'est connue que de Dieu seul ; c'est pourquoi tous nos systèmes, tous nos traités philosophiques et physiognomoniques ne seront jamais que des esquisses.

IVme ÉTUDE.

DES CARACTÈRES DES PASSIONS.

VUES PRÉLIMINAIRES,

PAR LES ÉDITEURS.

Nous avons réuni dans cette IVe Étude, sous les titres de *Passions convulsives*, de *Passions oppressives*, de *Passions expansives*, et de *Caractères des opérations de l'esprit*, les recherches et les *exercices* physionomiques de LAVATER sur les caractères des passions.

Les affections morales, considérées ainsi dans leur partie corporelle et visible, sont le sujet d'un genre de recherches qui lie la physiognomonie aux sciences morales, et dans lequel il serait difficile de s'engager avec succès, sans demander quelques vues préliminaires à la philosophie.

On donne le nom de *passions* à des affections de l'ame, à des modifications de la sensibilité très-différentes ; à l'étonnement, à la surprise, qui ne sont que de simples impressions ; à l'admiration et à l'amour, qui sont des affections, des sentimens ; à la colère, à la fureur et à l'effroi, qui sont des accès violens, mais passagers d'irritation ; à la cruauté et à la timidité, qui sont des habitudes ; à des goûts, à des caprices, à des appétits éphémères et aux directions constantes et prolongées de la volonté.

On sent aisément qu'il est difficile de trouver une définition qui convienne à des états aussi divers. Buffon, ne voyant dans les passions que ce qu'elles ont d'exagéré et de véhément, a dit qu'elles n'étaient rien autre chose que des sensations plus fortes que les autres, et qui se renouvellent à tout instant ; que, dans la passion, l'ame perd son empire, qu'elle ne veut plus qu'en second ; que souvent même elle veut l'impossible ; qu'une passion sans intervalle est un état de démence ; que de violentes passions avec des intervalles sont des accès de folie ; et que la plupart de ceux qui se disent malheureux, sont des hommes passionnés, c'est-à-dire, des fous auxquels il reste quelques intervalles de raison, pendant lesquels ils connaissent leurs folies (1). Parler ainsi des passions, ce n'est pas sans doute en saisir le point de vue général ; c'est ne faire attention qu'à leurs abus ou à leurs excès ; c'est n'en voir la flamme qu'au moment où, vivement et indiscrètement excitée, elle allume un vaste incendie ; et oublier que cette flamme, moins forte et mieux dirigée, produit la chaleur douce et lumineuse que l'on a appelée, avec tant de raison, le feu du sentiment.

Condillac donne une idée plus juste des passions, lorsqu'il les regarde comme des désirs tournés en habitudes, qui sont permanens, ou qui se renouvellent à la première occasion.

Il semble en effet que toute passion consiste dans un besoin vivement senti, dans un désir prolongé, ou dans

(1) Buffon, 4e vol. in-12; Discours sur la nature des animaux.

un regret continu d'une condition réelle ou imaginaire d'existence et de bonheur.

Cette espèce de définition convient évidemment à l'ambition, à l'avarice, à la tristesse, à l'amour, qui sont des passions; mais ne pourrait pas s'appliquer à la colère, à la surprise, à l'admiration, à la joie, que l'on appelle aussi des passions.

On se fera, je crois, une idée plus juste et plus étendue des passions, en les regardant comme les modifications générales de la sensibilité, considérées plutôt dans leurs effets, et relativement à la personne qui les éprouve, que dans leurs causes et relativement à la personne qui en est l'objet. Lorsque les affections de l'ame sont considérées sous cet autre rapport de cause et d'objet, nous les appelons *sentimens*, expression qui se prend toujours dans un sens plus favorable que les passions.

Ainsi, ces deux mots, *passions* et *sentimens*, ne sont donc pas synonymes; *on combat ses passions, on cultive ses sentimens.*

L'énergie, le développement des passions, dépendent et du mode d'organisation, et des causes extérieures, mais principalement des obstacles et des difficultés. Il ne faut donc pas s'étonner si, toutes choses égales d'ailleurs, les hommes les plus passionnés sont ceux qui, avec une ame ardente et un tempérament bilieux, se trouvent comme jetés et presque abandonnés au milieu des résistances et des nécessités de la vie. Si l'on pouvait remonter à l'origine, aux causes primitives des passions qui peuvent remplir le cœur humain, on en saisirait les rapports avec les besoins naturels et acquis, les divers instincts, les sensations antérieures, la tournure des idées, les habitudes de l'imagination, l'imitation et la sympathie.

Toutes ces causes contribuent évidemment aux développemens des différentes passions.

Chez l'enfant et chez le sauvage, la sensibilité morale n'est point encore assez développée pour éprouver les passions impérieuses qui dérangent les fonctions intellectuelles ; on a remarqué du moins que l'on ne perdait pas la raison par des causes morales avant l'époque de la puberté, et que les exemples de folie étaient fort rares chez les sauvages.

En général, chez les enfans, les passions sont éphémères, bornées, personnelles; on y reconnaît un égoïsme, tel que paraît le vouloir la nature, à une époque de la vie où elle n'a pas encore donné cette surabondance de sensibilité et de force, qui nous rend capables d'aimer et de secourir.

L'enfance de la société ressemble beaucoup à cette enfance de l'individu relativement aux passions ; l'amour lui-même, qui est une passion si naturelle, ne se développe qu'à un âge avancé de la vie sociale, et lorsque la civilisation a donné des charmes et des droits à la femme, des lumières, du goût à l'homme, et amené un développement moral, sans lequel on ne peut concevoir le choix des préférences, le dévouement, la bienveillance active, qui sont inséparables du véritable amour.

On pourrait, en parcourant l'histoire des progrès de

l'entendement humain, marquer les dates, indiquer les âges de plusieurs passions, et les considérer comme des époques de la nature morale.

Les passions qui tiennent directement à l'instinct, aux besoins physiques, les émotions purement organiques de la peur, de la surprise, de la douleur, appartiennent à une première époque.

Le désir de produire une sensation sur les autres, par ses actions ou par sa parure, est une passion très-ancienne, et que l'on retrouve chez le sauvage comme chez l'homme civilisé. Les affections de famille semblent appartenir plus particulièrement à la vie pastorale et patriarcale ; la piété filiale n'est pas aussi ancienne que la tendresse maternelle; toutes les passions dégradantes, haineuses et chagrines, qui dépendent de la superstition, appartiennent aux temps de barbarie et d'ignorance ; les passions généreuses qui ont succédé à ces habitudes violentes et cruelles, en en guérissant l'humanité, tiennent à des vérités, suivant la remarque d'un philosophe moderne (1).

Le mot d'humanité était absolument inconnu dans les temps d'ignorance. C'est une vertu des peuples instruits. La pitié elle-même, qui paraît si naturelle, n'existe point, ou n'existe que très-faiblement chez l'enfant et chez le sauvage.

Les Grecs avaient sans doute déjà fait de grands progrès dans l'art social lorsqu'ils élevèrent des autels à cette

(1) M. Suard, dans sa Dissertation sur les progrès des lettres et de la philosophie, dans le 18e siècle, lue à l'Académie française en 1774.

vertu ; et il ne resterait des Romains que cette pensée de Virgile :

Non ignara mali miseris succurrere disco.

que l'on pourrait juger par ce seul vers, aussi-bien que par les plus beaux monumens, du développement de la perfectibilité humaine chez cette nation.

On pourrait comparer plusieurs autres passions relativement à leurs dates. Ainsi, l'amitié est moins jeune que l'amour ; le patriotisme, qui est une bienveillance locale et restreinte ; la charité, qui est une pitié obligée et systématique, ont devancé la bienveillance universelle ; l'humanité, l'indulgence générale, et sur-tout la philosophie et la philantropie qui furent les seules passions des Antonin, des Marc-Aurèle, auxquelles on n'a pu arriver que par le plus grand développement moral, que par la réunion et la plénitude de toutes les forces de la pensée et du sentiment.

Les passions, considérées relativement à la physiognomonie et aux arts, doivent être regardées comme des phénomènes de l'économie vivante qui commencent en dedans, et s'achèvent en dehors, soit dans les traits de la physionomie, soit par l'ensemble du mouvement de tout l'extérieur de l'organisation.

Tous les mouvemens du visage et de l'extérieur du corps humain, dans les passions, ne peuvent avoir lieu que de trois manières : par resserrement, par convulsion et par expansion.

Les passions, considérées relativement à l'expression, peuvent donc être rapportées à trois classes, savoir :

PREMIÈRE CLASSE, les passions convulsives; DEUXIÈME CLASSE, les passions expressives et concentrées; TROISIÈME CLASSE, les passions expansives.

Les passions convulsives ne sont pas seulement les sentimens haineux, les impressions violentes et offensives de la colère, de la fureur, de la menace; mais bien aussi les commotions de l'effroi, les égaremens de la douleur, en un mot, tous les sentimens exagérés, dont l'influence agit assez fortement sur l'organe musculaire, pour en déranger l'action, et produire des spasmes et des convulsions.

Toutes les passions de ce genre, quelle que soit d'ailleurs leur nature, sont rapprochées par leur excès; elles ne se bornent pas d'ailleurs à des changemens dans les muscles, elles produisent en outre des altérations notables dans la circulation et la respiration; changemens d'où résultent plusieurs caractères de ces passions, tels que la rougeur ou la pâleur du visage, le rire convulsif, les sanglots, le hoquet, l'étouffement, l'angoisse.

Les passions qui appartiennent à cette classe sont principalement, la colère, la fureur, l'emportement, l'effroi, la douleur physique, le désespoir, la fureur érotique et les ardeurs des satyres; en un mot, toutes les passions dont l'excès rend l'expression convulsive, involontaire, égarée, et trop souvent semblables aux accès des maniaques.

Les passions oppressives sont toutes celles dont le sentiment est profond, concentré, comme rassemblé à la région du cœur, du diaphragme et des entrailles. On rapporte à cette classe toutes les modifications de la tristesse, qui est la douleur de l'ame, la timidité, la crainte, la jalousie, l'envie, la dissimulation, l'abattement, l'inquiétude.

Les passions expansives sont remarquables par une sorte de dilatation et de turgescence de l'organisation. Ce sont toutes les passions attirantes et douces qui embellissent et agrandissent notre existence, telles que l'amour, la bienveillance, la pitié, les affections de famille, l'admiration, l'ambition généreuse, l'amour et son recueillement mélancolique, la dévotion, qui n'est qu'une espèce de tendresse et d'amour, etc., etc.

Il faut aussi ranger dans cette classe plusieurs passions d'une autre nature; savoir, l'indignation, l'orgueil, la vanité, le mépris, l'ironie, le dédain, dont l'impression se rapporte aux modifications du sourire; la pudeur, la honte, le désir. Nous rapportons aussi aux expressions expansives, les caractères de plusieurs états de l'ame, qui ne sont pas de véritables passions, tels que la sécurité, le courage, le calme.

Nous avons cru devoir rassembler sous un titre particulier les caractères des opérations de l'esprit, qui agissent sensiblement sur la physionomie, tels que ceux de l'attention, de l'imagination, de la méditation.

Tout ce que dit LAVATER sur les différentes passions rangées sous ces différens titres, se borne à des vues générales, à de simples interprétations des planches nombreuses et bien choisies dont il a fait usage. Dans le supplément que nous avons placé à la suite de ces observations, aussi curieuses qu'instructives, nous avons eu principalement pour objet, d'indiquer d'une manière plus positive, d'après quelques remarques physiologiques sur l'expression, les caractères des passions. Les résultats des recherches de Lebrun ; ceux des vues délicates et détaillées de La Chambre, de Buffon et de Camper, ont été réunis dans ce supplément, pour lequel nous avons mis à contribution tous les genres de renseignemens, toutes les sources d'instruction, en un mot, tous les moyens de recherches dont nous avons pu disposer.

Note. Semblables aux tempêtes, à ces bouleversemens du globe, qui portent au loin la désolation, l'épouvante et l'effroi, certaines passions, chez l'homme, ne sont point du domaine de la froide raison, et il est tout aussi impossible de les classer, que de les modérer : aussi la distinction proposée par M. le professeur Moreau est-elle loin d'être fondée. En effet, qui pourra jamais soumettre aux lois de l'analise ce qui se passe dans le cœur d'un homme éperdument épris des charmes d'une femme qu'il croit infidèle ? En proie à toutes les fureurs d'une affreuse jalousie, il ne peut plus résister aux transports de la passion qui l'égare ; et, n'écoutant que le désir d'une horrible vengeance, il plonge sans pitié un fer meurtrier dans le sein de celle qu'il adorait, et pour laquelle cependant il eût donné sa vie.

J.-P. M.

1. VISAGE insupportable, mélange ridicule d'une frayeur bête et d'une fureur factice.

2. Fureur d'un homme dont le caractère est passionné, bas et violent.

3. Transport de rage d'un homme grossier, souffrant et dénué d'énergie.

4. Fureur d'un idiot battu de verges.

5. Ce n'est qu'un simple masque, qui présente un mélange de douleur, de fureur et de faiblesse.

6. Fureur véritable d'un homme que la douleur égare, et qui avait reçu de la nature d'heureuses dispositions.

1

2

3

4

5

6

1
2
3
4
5
6
7
8
9
10

1. Tête vide de sens, ou plutôt masque pitoyablement dessiné, qui représente l'étonnement le plus bête.

2. Étonnement stupide d'un enfant, qui n'est pas d'ailleurs dénué d'intelligence.

3. Terreur panique d'un caractère timide.

4. Caractère sans énergie, femme méprisable, coquette et folle.

5. Expression de la pitié sur le visage d'une personne qui avait naturellement de la grandeur, mais que la sensualité et la paresse ont dégradée.

6. Bassesse extrême, mélange odieux de ruse et de bêtise. Avec un tel visage on est sourd à la voix de l'honneur.

7. Bassesse qui exclut tout sentiment noble, et qui paraît incompatible avec le haut du visage.

8. Visage pusillanime d'un pharisien stupide et débauché.

9. Caractère opiniâtre et insensible, stupidité et friponnerie.

10. Visage d'une coquette qui arrange ses plans, et supplée par le manége et l'intrigue à ce qui lui manque en beauté. Cette femme semble jouir d'avance de ses succès.

1. Frayeur d'un homme tombé en démence, et qui ne manquait pas de sens.

2. Étonnement stupide d'un imbécile de naissance.

3. Étonnement dénué d'intérêt d'un homme tombé en démence, mais qui était destiné à être grand.

4. Attention curieuse et regard profond d'un homme violent, mais concentré et à demi fou.

5. Grimace de l'effroi sur le visage d'une femme tombée en démence, mais qui auparavant ne manquait ni de sens ni de bonté.

6. Grimace d'un enragé, qui depuis long-temps a consumé ses forces, et que la nature avait destiné à être un fou à saillies originales.

7. Caricature d'un imbécile tombé en démence à force de débauche.

8. Fou mélancolique qui avait de grandes dispositions, de la pénétration et de la profondeur, mais dont l'esprit n'était pas systématique.

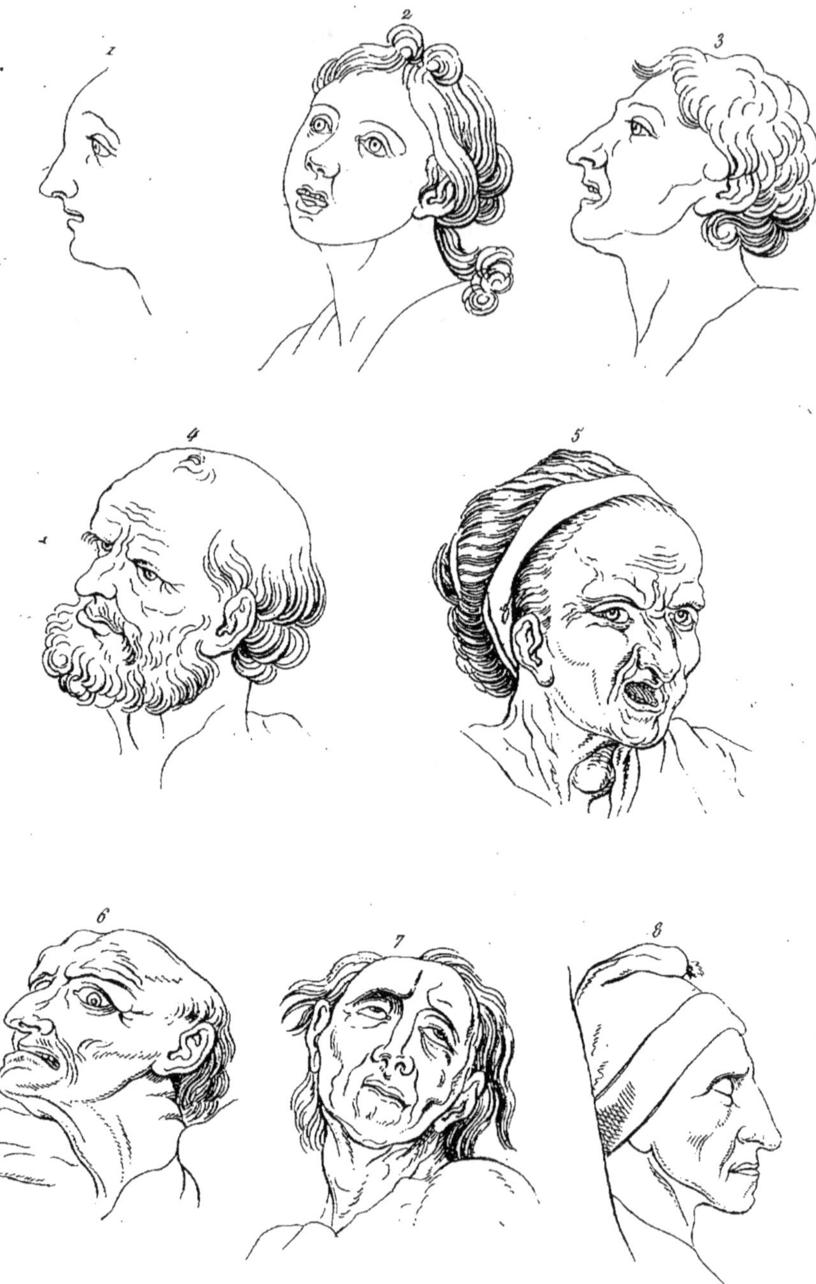
1
2
3
4
5
6
7
8

1
2
3
4
5
6
7
8
9

1. Défaut d'énergie, étonnement mêlé d'un certain degré d'attention et d'intérêt.

2. Regard attentif d'un honnête homme qui a l'esprit extrêmement borné.

3. Emportement et dédain mêlé de frayeur dans un caractère naturellement colère et impétueux.

4, 5, 6. Caricatures de trois grandes têtes, masques d'une attention qui naît de l'étonnement.

7. Masque de l'étonnement et de la faiblesse.

8. Étonnement craintif d'un idiot à qui il échappe quelquefois des étincelles de génie.

9. Étonnement bête d'un esprit faible et grossier, qui n'a pas toujours été sans énergie.

1. Étonnement d'un homme grossier et peu judicieux.

2. Emportement, douleur, effort d'un être faible et sensuel.

3. Frayeur de l'ignorance sur le visage d'un enfant dont les traits sont trop formés.

4. Le haut du visage est au-dessus du commun; le bas n'offre autre chose que la grimace de la surprise et de l'effroi.

5. Frayeur et surprise d'un homme dont la constitution est délicate et l'esprit faible.

6. Frayeur d'un homme sensuel doué de beaucoup d'imagination.

7. Attention et frayeur mêlée de pitié: le haut du visage n'est pas commun.

8. Expression des mêmes sentimens sur un visage qui n'est ni commun, ni sublime.

9. Frayeur et surprise: caractère faible et enfantin.

1
2
3
4
5
6
7
8
9

1

2

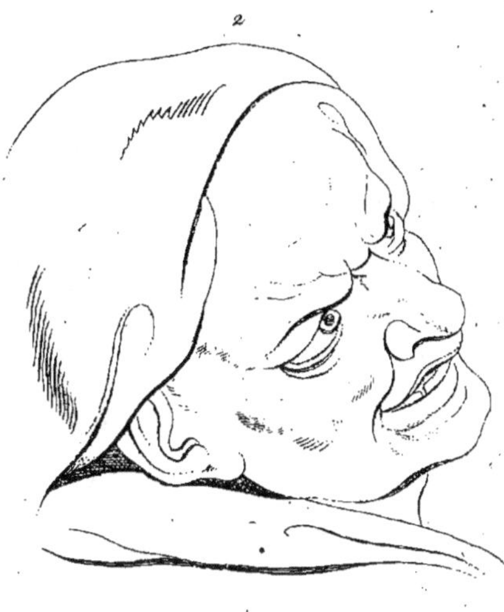

3.

4

1. CARICATURE d'un grand caractère où se peint la frayeur.

2. Le front, la partie supérieure des yeux, même le nez, désignent un caractère énergique. La grimace de la bouche est celle d'un homme privé de sens, et ne s'accorde ni avec les rides du front, ni avec la forme du menton.

3. Masque d'un visage ordinaire qui exprime l'étonnement et une frayeur muette.

4. Cette tête exprime la fureur d'un homme dont le caractère est sauvage, ombrageux, foncièrement méchant : il est dénué d'énergie interne, et plein de prétentions.

1. Vif désir, animé par l'espérance, sur un visage plein de bonté, mais dépourvu de grandeur.

2. Dévotion tendre : caractère grand sans être sublime.

3. Recueillement de la tristesse : caractère qui approche du sublime.

4. Caricature d'un caractère franc et généreux. La noblesse et la bonté se peignent dans l'œil et sur la lèvre supérieure.

5. Le haut du visage est la caricature d'un grand caractère, tandis que le bas n'exprime que faiblesse. Ce visage a l'air rêveur, et offre les traces d'une frayeur apaisée.

6. Regard fixe, mais indifférent ; caractère faible et puéril.

1
2
3
4
5
6

1
2
3
4
5
6
7
8
9
10
11
12

1. Expression de frayeur, de joie et de bêtise dans un visage commun.

2. Le haut du visage est bon, le bas médiocre. L'ensemble exprime une attention mêlée d'intérêt et de frayeur.

3. Frayeur d'un homme borné et faible en tous sens.

4. Attention stupide d'un homme grossier, et dont la tête est vide d'idées.

5. Il semble prêter l'oreille avec l'intérêt de la compassion. Le haut de ce visage a un caractère de grandeur; le bas annonce la faiblesse et l'épuisement.

6. Un peu de frayeur, mêlé de pitié et de mépris : personnage faible et trivial.

7. Caricature d'un visage grand et noble, et en même temps caricature de l'attention et de l'intérêt.

8. Crainte, frayeur et dépit, chez une femme ordinaire et très-bornée.

9. Masque du mépris impuissant de l'envie.

10. Caricature d'un personnage qui, sans être grand, se distingue par un caractère honnête et serviable. Ce grand œil et ce petit nez forment un contraste frappant, et tout contraste est caricature.

11. Expression du dégoût amer sur le visage d'un homme ordinaire.

12. Masque de la colère et du mépris : caractère médiocre, plutôt faible qu'énergique.

1. FRAYEUR et dépit impuissant. Le nez est faible et sans passions.

2. Mépris, horreur, menace : caractère dur, insensible, inexorable.

3. Dépit et frayeur dans le haut du visage : le bas a presque toute la froideur de l'indifférence.

4. Pitoyable dessin d'un visage qui exprime l'effroi d'une ame timide et sans énergie.

5. Fureur épuisée, mépris, désespoir. Ce visage n'aurait rien de grand, fût-il dans l'état de repos.

6. Moquerie factice, ou d'un idiot qui pourtant ne l'était pas de naissance, ou d'un homme qui affecte un air fier et méprisant.

7. Le haut du visage suppose de l'expérience, et de l'activité pour le bien. Le nez est fort commun : le bas, et particulièrement la bouche, désigne le mépris d'une ame faible.

8. Regard de l'envie et du mépris : caractère dur et impitoyable ; esprit commun, s'il en faut juger par le bas du visage.

1
2
3
4
5
6
7
8

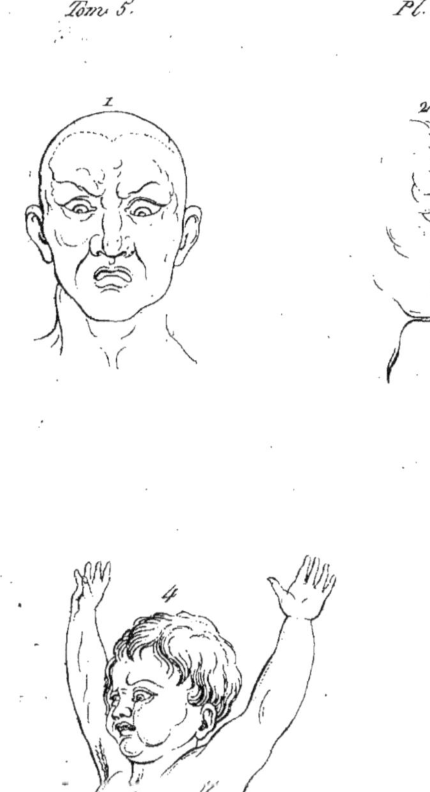
1
2
4

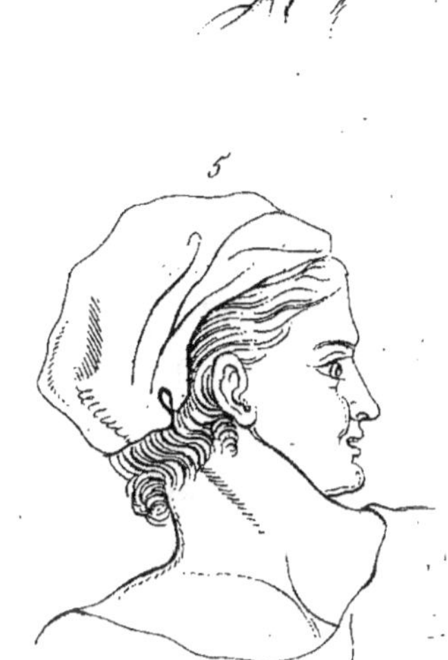
5

6

7

8

1. État violent d'un homme ordinaire en proie à la douleur.

2. Effroi d'un homme dont le caractère est naturellement énergique, quoique le bas du profil indique de la faiblesse.

3. Effroi d'un homme qui a beaucoup d'irritation, et que diverses frayeurs ont rendu imbécile et faible.

4. Frayeur d'un enfant sauvage et emporté, et qui a quelque chose de trop mâle.

5. Visage masculin d'une femme opiniâtre et dépourvue de grandeur : la frayeur l'oblige à fuir.

6. Faible empreinte de frayeur; caractère indolent et flegmatique.

7. Désir brutal d'un homme opiniâtre et grossier.

8. Irrité et souffrant, il est incapable de résister à la douleur qui le tourmente.

Les nez en général, et sur-tout le 1, 3, 8, manquent d'expression, et sont mal dessinés.

BRUTUS à la vue d'un spectre, d'après Fuesli.

VOICI un Brutus, dans l'instant où le spectre lui apparaît. La copie a été cruellement défigurée, sur-tout dans ce qui regarde la bouche et la racine du nez; mais, quels qu'en soient les défauts, il n'y a qu'un esprit mâle qui ait pu saisir un caractère de cette force. La terreur peinte sur ce visage annonce une ame pleine d'agitation et de trouble, mais qui se possède encore assez pour penser et pour réfléchir. L'incertitude, la fierté, le mépris et la crainte, se lisent dans l'œil et dans la bouche. Les contours des yeux, les sourcils et le nez, manquent de correction et de noblesse; mais au travers de l'ensemble perce un caractère de grandeur qui fait honneur aux efforts du dessinateur. Dans le menton en particulier, il y a une grande expression d'opiniâtreté, de courage et de fierté.

1
2
3
4
5
6
7
8

III.

DES PASSIONS OPPRESSIVES.

1. Mélange de tristesse et de douleur dans un caractère ordinaire.

2. A l'exception du passage du front au nez, il y a beaucoup de grandeur dans le haut de ce visage jusqu'au bas du nez. L'œil porte l'empreinte du génie. Le bas, au contraire, n'est qu'une caricature : il y a contraste entre les lèvres ; elles n'ont point une expression vraie et déterminée, cependant on voit qu'elles devaient indiquer la crainte, la frayeur et l'attention.

3. Tristesse d'une ame noble et sensible. Ici cependant, comme dans la plupart de ces têtes, le nez est mal dessiné, enfantin et sans signification.

4. Tristesse réfléchie : le haut du visage a quelque chose de distingué, tandis que le bas annonce un caractère faible et commun.

5. Quoique le dessin de cette tête soit très-défectueux (les yeux, par exemple, sont inégaux), elle exprime l'affliction et la pitié d'un être bon, mais faible.

6. Excès d'affliction produit par la tendresse ; état qui approche de l'évanouissement.

7. Tristesse, confiance, résignation, espoir.

8. Caricature d'un visage distingué ; tourment d'un amour malheureux.

1. C'EST la grimace de l'affliction mêlée de mépris.

2. Affliction et frayeur d'un homme faible.

3. Expression de douleur et d'effroi sur le visage d'un enfant trop formé, et qui n'annonce pas un grand fonds de bonté.

4. La distraction, l'égarement, l'espérance, ont succédé à la tristesse sur ce visage, dont le bas annonce au moins de la faiblesse.

5. Affliction et douleur profonde dans un grand caractère.

6. Misérable caricature d'une *Mater dolorosa*, qui, loin d'être sensible, n'est que sensuelle.

7. Douleur noble et calme dans un grand caractère, qui atteint presque le sublime.

8. Étonnement d'un sot craintif et curieux.

9. Cette tête exprime l'attention, la pitié, l'indignation contre l'auteur des maux qui pèsent sur l'innocence. L'être qui a de semblables traits, est noble et énergique ; il peut et il veut ; on n'entreprendra pas facilement de lui résister. Quelle pénétration dans l'œil et le nez ! Il y a dans la lèvre supérieure une sorte de faiblesse qui contraste avec ce menton fortement prononcé, et avec tout le haut du visage.

1

2

3

4

5

Cinq attitudes de la même personne représentée dans des situations différentes. La première de ces figures retrace avec beaucoup de vérité le caractère de l'affliction. Le désir est encore parfaitement bien exprimé dans la seconde ; mais il y aurait quelque chose à redire au port de la main droite. La tristesse de la troisième paraît être raisonnée. La quatrième est une image fidèle de cet abandon, de cet oubli de soi-même, que produisent les grandes émotions. La cinquième est presque entièrement théâtrale : elle rappelle une actrice qui s'occupe trop des spectateurs; elle s'écarte de la nature; elle n'a plus rien de cette espèce d'aisance qui doit se conserver jusque dans les affections les plus violentes. Jetez un regard de comparaison sur la figure n° 6, le deuil de cette femme vous touchera bien davantage.

CALAS ET SA FILLE dans la prison.

LA grande estampe de Chodowiecki, d'où ces deux figures sont tirées, est à mes yeux un des ouvrages les plus parfaits, les plus expressifs, les plus dramatiques. Quelle vérité y règne! quel naturel! quel ensemble! énergie sans rudesse, délicatesse sans *manière*, expression dans les détails et dans l'ensemble, contraste, unité, harmonie dans le tout; et sans cesse la nature, la vérité, au point que l'on n'ose pas même penser que l'arrangement, la scène, un seul personnage, la moindre circonstance, soient imaginés.

Rien d'exagéré, et cependant tout est poésie! On oublie le peintre, le tableau, on voit les objets; on est transporté dans la prison, près de l'innocence souffrante et persécutée; on pleure avec elle et sur elle; on voudrait se jeter dans ses bras, mourir pour elle, mourir avec elle.

Mais parmi les beautés de ce tableau, rien n'est comparable au vieillard, et à celle de ses filles, qui, muette et presque évanouie, s'appuie sur son père.

J'ai fait copier, agrandir et graver séparément cette partie du tableau, afin de donner à mes lecteurs quelques momens de tristesse délicieuse.

Si cette copie a perdu sous certains rapports, elle a gagné sous plusieurs autres. Considérez ici ce groupe si attendrissant: le visage du vieillard n'exprime-t-il pas cette candeur, cette noble simplicité, cette con-

Duclos Sculp.

fiance en Dieu, qui ne peuvent se rencontrer que dans une ame innocente et pure?

Peut-être cette copie peint-elle mieux que l'original le calme intérieur, la bonté paternelle de celui à qui il serait impossible, bon Dieu! je ne veux pas dire d'être le meurtrier d'un fils, mais de ne pas le sauver de la mort au prix de son sang; et ce visage de la fille montre l'ame la plus honnête, la plus sensible; la fille, la sœur la plus tendre.

Vit-on jamais cet accablement de tristesse qui touche à la défaillance, mais qui n'est pas encore l'évanouissement; cette douleur qui n'a point de bornes, qui n'a point d'expression, qui est l'impuissance de secourir l'objet aimé dans le péril le plus affreux, au moment d'une mort ignominieuse et atroce; vit-on jamais ces sentimens mieux exprimés que dans la figure de cette fille appuyée sur son père? Les yeux, les sourcils, la bouche entr'ouverte, la situation du visage, l'attitude des mains, tout s'écrie: « Je suis plus malheureuse qu'on ne le fut jamais! est-il une douleur semblable à ma douleur? » Mais comparez maintenant le visage qui exprime si bien l'abattement et le désespoir, avec le visage mille fois plus éloquent du vieillard.

C'était la femme, c'est l'homme; c'était la fille, c'est le père. Du fond de ce cœur fatigué, oppressé, jaillit un sentiment consolateur: ses regards, sa bouche, expriment ce sentiment; il passe jusque dans les yeux éteints et presque fermés de la fille inconsolable. Ce visage a été sillonné par des ruisseaux de larmes brûlantes et amères ; il est décomposé, froissé par la douleur ; une paix profonde et religieuse y règne cependant.

« Je crains Dieu, et n'ai pas d'autre crainte ; je porte mes yeux et mon ame vers le Ciel, d'où viendront la protection et la justice.

» Mon attente, mon espoir, sont dans le Seigneur, qui a créé le ciel et la terre.

» Laisse détacher mes fers : que ce tumulte qui annonce la mort ne t'effraie point, je ne l'écoute pas. Je suis innocent, je le sais,..... Dieu le sait. Console-toi, fille bien-aimée ; il vient à mon secours, ce Dieu qui connaît ton père ; et si d'une main il me présente une coupe amère, de l'autre, il me soutient, me fortifie. » — Pour moi, je lis ces paroles sur ce visage, où l'innocence, la bonté, la douleur, ont confondu leur empreinte ; j'y vois le père qui fut toujours père ; j'y vois l'homme qui a pu dire en expirant sur la roue :

« O Dieu ! pardonne à mes juges : je suis innocent. »

L'homme qui, exempt de forfaits, a été digne de souffrir et d'être la victime qui doit, à l'avenir, dérober des millions de victimes aux fureurs et à l'iniquité du fanatisme ; victime auguste qui nous apparaîtra dans un meilleur monde, rayonnante de gloire, revêtue d'une figure qu'aucun pinceau sur la terre ne saurait tracer, que le génie d'aucun poète ne pourrait décrire.

Nous n'ajouterons rien à la planche ci-jointe, on y reconnaîtra les quatre tempéramens aux diverses impressions que le même tableau produit sur ces quatre personnages.

Tom. 5. Pl. 23.

1
2
3
4
5

Les quatre têtes ci-jointes expriment quatre grands caractères de souffrance.

Les hommes qui offrent ces exemples ne souffrent pas comme des êtres faibles qui ne savent point résister à la douleur. Ils ont combattu; mais la victoire était au-dessus de leurs forces. Guerriers endurcis à la fatigue, accoutumés à vaincre les obstacles, ils bravaient les dangers les plus imminens.

1. Le haut, jusqu'au milieu du nez, approche du sublime; tout le reste a encore de la grandeur, quoique mêlé de rudesse.

2. Visage qui n'est ni grand, ni sublime; mais qui pourtant, abstraction faite de cette bouche grossière, n'est pas tout-à-fait commun. La douleur qu'expriment la bouche et le front n'a pas le caractère de grandeur qui distingue le front et l'œil du n° 1.

3. Ce n'est pas encore la mort même, mais la douleur qui précède immédiatement la mort. Le bout du nez est un peu manqué : à cela près, ce visage est celui d'un héros.

4. Douleur insupportable d'un homme judicieux, ferme, et plein d'empire sur lui-même, mais qui manque de finesse. Le nez est d'un caractère excellent.

5. Cette tête de Saül, au moment où, frappé d'une lumière céleste, il est renversé par terre, manque de noblesse, mais indique de grandes facultés.

FRAGMENT DU TABLEAU DE LA PESTE, par Mignard.

MIGNARD (1), animé de l'esprit de Raphaël et des anciens, a mis dans ce tableau de la force et de la grandeur; ces qualités se retrouvent encore dans les copies de ses tableaux, même dans celles qui ne sont dessinées qu'au trait. Le beau groupe que nous présentons ici en fournit la preuve.

La figure la plus élevée est celle d'un homme plein de courage, mais qui, saisi de compassion et de frayeur, est prêt à s'évanouir; ses gestes indiquent déja l'évanouissement.

Il y a beaucoup plus d'énergie encore, plus de présence d'esprit et de résolution, dans la figure qui soutient les deux personnes frappées de la peste. C'est un caractère loyal autant qu'inébranlable, sur lequel on peut se reposer, mais qu'il faut bien se garder d'irriter et de brusquer. Quoiqu'il ne soit pas susceptible d'une vraie tendresse, sa candeur et sa fermeté en feraient un ami précieux; tandis que son courage, sa vigueur, son inflexibilité, le rendraient un redoutable ennemi. Il est fortement touché, mais sa compassion ne lui ôte pas la force de secourir.

(1) LAVATER avait attribué ce tableau au Poussin. Nous avons cru devoir corriger une erreur aussi forte, et que l'on aurait sans doute été étonné de trouver dans un ouvrage lié avec les beaux-arts par tant de rapports intéressans, et revu, pour tout ce qui tient à la partie la plus intéressante de ces rapports, par l'un des artistes les plus instruits des 18e et 19e siècles.

La tête du chirurgien, qui tombe en défaillance, est trop mal dessinée pour qu'on en puisse dire autre chose, si ce n'est que le front et le nez offrent les traces d'un grand caractère de la classe mitoyenne; que l'épaisseur choquante du menton inférieur ne correspond nullement avec le front; que la bouche et l'œil expriment très-bien l'évanouissement. Le caractère de la femme ne doit pas être rejeté dans la dernière classe; il n'est ni grand ni petit; il a quelque noblesse, mais n'exprime ni force, ni génie.

Cette belle composition de Raphaël a été dessinée de mémoire par Fuesli. N'est-il pas vrai que ce morceau est plein de délicatesse? tout y respire le calme, la douceur, la tendresse. On aime à s'y arrêter; on voudrait aider ceux qui rendent à Jésus-Christ de si touchans devoirs (1).

(1) Ce groupe, que nous avons fait graver conformément à la planche qui se trouve dans l'ouvrage de Lavater, n'est, il faut l'avouer, qu'une misérable traduction d'un chef-d'œuvre; et cependant, dans cette copie infidèle, dans ce dessin inexact, on connaît encore Raphaël, on sent encore le charme de son style; et ce qui caractérise peut-être plus particulièrement ce grand peintre, c'est de ne pouvoir jamais être entièrement défiguré dans les plus mauvaises gravures.

IV.

PASSIONS EXPANSIVES.

L'Attendrissement, d'après Raphaël.

Cette personne semble arrêter des regards attendris sur un objet qui excite sa douleur : caractère sublime, plein d'énergie et de force de jugement. A considérer séparément chaque partie, chaque trait de ce visage, il ne s'en trouve pas un seul qui soit vrai et dont le dessin soit correct. L'œil, examiné de près, n'est qu'une caricature ; j'en dis autant du sourcil, du nez, de la bouche, du menton, du front. La partie la mieux traitée, la plus élégante et la plus expressive, le nez ne convient pas à un visage féminin ; il n'est pas naturel, et cependant il fait effet, il séduit parce qu'il est la caricature, la copie incorrecte d'un prétendu nez grec. Le contour ébréché de la pointe du nez est encore une irrégularité, et n'est pas homogène aux autres contours de cette partie ; enfin le menton est hommasse et sort de la nature. Jeunes peintres, dessinateurs poètes, qu'il me soit permis de vous adresser encore une fois cet avis salutaire : Avant toutes choses, cherchez la vérité ; soyez corrects ; étudiez, copiez, mesurez la nature : défiez-vous de cette beauté idéale, de cette grande manière, de ce haut style, de ce goût antique, de tous ces mots à la mode dont on ne cesse de vous étourdir, dont on prétend échauffer votre imagination, et qui ne servent qu'à vous écarter de la vérité. On passe quelquefois des négligences à un génie du premier ordre, à un peintre d'ailleurs connu pour correct, qui, pressé par ses idées, les présente à la hâte dans une légère esquisse; mais des négligences ne sont pas moins des défauts réels.

La Clémence, d'après Raphaël.

Plus les formes seront vraies et naturelles, plus le dessin sera correct et harmonique, et plus ces formes plairont aux yeux et satisferont l'esprit. Cette tête est mieux dessinée que les précédentes, quoique très-éloignée encore de la perfection. Elle est toute dans le même esprit : le même caractère semble répandu sur toutes les parties du visage. Le contour du nez, je l'avoue, tranche un peu trop, et il a de la dureté ; mais il n'en est pas moins d'une grande expression : il indique autant de fermeté que de noblesse, et, dans ce sens, il peut être regardé ici comme la marque d'un caractère droit et impartial. En général le peintre a mis dans cette figure beaucoup de netteté et d'énergie : une noble simplicité anime et l'ensemble et chaque partie séparée. L'œil, le sourcil et la bouche se trouvent dans le plus parfait accord. Tout annonce une indulgence sans mollesse, une bonté sans faiblesse, une clémence fondée sur l'équité ; rien de doucereux ni d'affecté. Au reste il ne faut qu'une légère attention pour voir que ce morceau a été fait d'après le marbre : on ne saurait douter au moins que l'artiste, en y imprimant son génie, n'ait suivi le modèle d'un antique (1).

(1) Ces éloges, donnés dans un fragment des ouvrages de Lavater, conviennent à tous les ouvrages ; c'est l'expression morale, le caractère de l'intelligence, qui font le charme de ces admirables compositions. La magie de l'art est complète : elle ne plaît pas seulement par une imitation des formes ; elle semble atteindre le sentiment, et excite de véritables sympathies.

Attention et Piété.

1. C'est là le regard et le maintien de l'attention excitée par le désir. Ces yeux tournés vers le ciel expriment les peines d'un amour que l'espérance soutient encore, vous y voyez une ame qui penche à la mélancolie. S'il y avait plus d'harmonie entre le front et le nez, le connaisseur ne serait point tenté de reprocher à l'ensemble de cette physionomie un manque de sensibilité.

La seconde de ces têtes plaira et se fera aimer davantage. Les contours en sont plus gracieux et plus arrondis. Moins languissante que la première, cette femme promet une grande droiture de sens et une fidélité à toute épreuve. Elle écoute avec simplicité, sans finesse et sans malice ; elle s'abandonne tranquillement aux idées agréables qui l'occupent, et elle y réfléchit à son aise. L'attitude aussi est celle de l'amour attentif, qui ne connaît ni projet, ni intrigue, et que rien au monde ne peut détourner de son attachement.

1

2

1

2

1. Nous en demandons pardon à l'admirable Angélique, mais ni le maintien, ni le dessin de ce buste, ne nous paraissent caractériser l'Espérance. Ces yeux pleins de calme et de douceur, et cette tête penchée sur le bras, peuvent convenir à la Résignation. L'Espérance au contraire se tient debout, un pied fermement appuyé sur terre, les bras tendus en avant, et le regard jeté dans le lointain. D'ailleurs, et malgré la mollesse et le vide qui se font sentir dans cette physionomie, nous rendons volontiers justice à son expression de bonté et de sensibilité.

2. Il y a bien plus de vérité dans cette figure. Elle est l'image d'une piété respectueuse, mêlée d'humilité et de contrition.

V.

CARACTÈRES DES FACULTÉS INTELLECTUELLES (A).

Réflexions sur l'influence de l'imagination, considérée relativement à la physionomie.

Je dois me borner à des observations fugitives sur une matière qui pourrait fournir des volumes entiers. Je n'ai ni assez de loisir, ni assez de lumières, ni une vocation assez décidée pour la traiter à fond; mais il m'est impossible pourtant de la passer entièrement sous silence. Le peu que j'en dirai n'est destiné qu'à engager d'autres à méditer plus sérieusement sur ce sujet important.

Notre imagination opère sur notre physionomie (B). Elle l'assimile en quelque sorte à l'objet aimé ou haï; celui-ci se retrace à nos yeux, se vivifie devant nous, et dès-lors appartient immédiatement à la sphère de notre activité. La physionomie d'un homme fortement épris, qui ne se croirait remarqué de personne, empruntera, j'en suis sûr, quelques traits de l'amante chérie dont son esprit s'occupe, que son imagination lui reproduit, que sa tendresse se plaît à embellir, à laquelle peut-être il prête, absente, des perfections que, présente, il ne lui trouverait pas. Cette espèce d'analogie physionomique n'échapperait certainement pas à un observateur exercé; tout comme il serait aisé de démêler dans l'air farouche d'un homme vindicatif, quelques-uns des traits de l'adversaire dont il médite la défaite. Notre visage est le tableau des objets que nous affectionnons, ou qui nous répugnent particulièrement. Un œil moins clairvoyant que celui des anges apercevrait peut-être sur le visage du chrétien, dans la ferveur de sa dévotion, un rayon de la Divinité. Souvent une représentation bien vive nous touche plus que la réalité. Souvent nous nous attachons plus fortement à l'image, nous nous identifions plus aisément avec elle, que nous n'aurions pu le faire avec l'objet même. Supposez un homme qui aurait vu de près un ange, un dieu, le Messie pendant son pèlerinage sur la terre, qui l'aurait, je ne dis pas, contemplé à loisir dans tout l'éclat de sa majesté, mais seulement entrevu d'un coup d'œil rapide ; il faudrait que cet homme fût entièrement dépourvu d'imagination et de sensibilité, pour qu'un aspect aussi auguste n'eût pas imprimé sur son front quelques-uns des traits qui l'auraient frappé. On reconnaîtrait infailliblement dans sa physionomie la Divinité dont il se serait rempli, le *Deum propiorem.*

Non-seulement notre imagination agit sur nous-mêmes, elle agit aussi sur les autres. L'imagination de la mère influe sur son enfant, et voilà pourquoi l'on cherche à distraire les femmes pendant leur grossesse, à les repaître d'idées riantes, et à les entourer même d'objets agréables. Mais, à mon avis, ce n'est pas tant la vue d'une belle forme ou d'un beau portrait, ni tel autre moyen semblable, qui produira l'effet désiré ; il faut l'attendre plutôt de l'intérêt que ces belles formes nous inspirent dans certains momens. Ce qui opère immédiatement sur nous, c'est l'affection de l'ame, une espèce de coup d'œil qu'on peut lui supposer; et dans tout ceci l'imagination proprement dite n'agit que comme cause secondaire : elle n'est que l'organe par où passe ce regard décisif et en quelque manière répulsif. Ici encore c'est l'esprit qui vivifie; la chair, et l'image de la chair, considérée uniquement comme telle, n'est utile à rien. Si ces sortes de regards ne sont point animés et vivifiés, ils ne sauraient animer et vivifier à leur tour. Un seul regard de l'amour, tiré, si je puis m'exprimer ainsi, du fond de l'ame, est certainement plus efficace qu'une longue contemplation, qu'une étude réfléchie des plus belles formes; mais nous sommes tout aussi peu en état de provoquer artificiellement en nous ces regards créateurs, que de parvenir à changer ou à embellir notre propre forme, en la contemplant et en l'étudiant devant le miroir. Tout ce qui crée, tout ce qui agit fortement sur notre intérieur, a sa source au dedans de nous, est un don du ciel Rien ne saurait l'amener, le préparer; en vain chercheriez-vous à disposer l'intention, la volonté ou les facultés du sujet qui doit produire ces effets. Ni les belles formes, ni les monstres ne sont l'ouvrage de l'art, ou d'une étude particulière; ils sont le résultat des accidens dont l'objet agissant est subitement frappé dans des momens choisis; et ces accidens dépendent d'une Providence qui conduit tout, d'un Dieu qui ordonne et détermine toutes choses d'avance, qui les dirige et les achève.

Si toutefois vous persistez à vouloir arracher à la nature des effets extraordinaires, songez moins à toucher les sens qu'à agir sur le sentiment. Sachez l'exciter, l'éveiller dans le moment où il est près d'éclore, et où, pour se déclarer, il n'attend que votre appel ; sachez l'entraîner à propos, et soyez sûr qu'il cherchera, qu'il trouvera de lui-même les secours qui lui sont nécessaires. Mais il doit exister, ce sentiment, avant qu'il puisse être éveillé ou entraîné : commencez donc par vous assurer que vous l'avez inspiré, car nous ne pouvons pas le faire naître à volonté. De pareilles considérations ne devraient point échapper à ceux qui prétendent opérer des choses presque miraculeuses par des systèmes raffinés ou par des plans méthodiques : toutes leurs précautions, toutes leurs combinaisons psychologiques seront en pure perte, et je leur rappellerai toujours ces paroles du Cantique des Cantiques : « Filles de Jérusalem, je vous adjure, par les chevreuils et les biches des champs, que vous n'éveilliez ni ne réveilliez ma bien-aimée, jusqu'à ce qu'elle le veuille. Le voici, le *génie créateur*, qui vient sautelant sur les montagnes, et bondissant sur les coteaux. »

D'après mes principes, chaque conformation, heureuse ou malheureuse, dépend de certains momens imprévus, et ces momens ont la rapidité et la vivacité de l'éclair. Toute création, quelle qu'elle soit, est momentanée. Le développement, la nourriture, les changemens, soit en bien ou en mal, sont l'ouvrage du temps, de l'éducation et de l'art. Le pouvoir créateur ne s'acquiert point par des théories ; une création ne se laisse point préparer. Vous contreferez en tous cas des masques ; mais des êtres vivans et agissans, dont l'extérieur et l'intérieur s'accordent parfaitement ensemble, des images de la Divinité, vous flatteriez-vous de les composer, de les monter comme une mécanique? Non, ils doivent être créés et engendrés, et j'ajouterai que ce n'est ni du sang, ni du vouloir de la chair, ni du vouloir de l'homme, mais de Dieu seul.

L'imagination, quand elle est animée par le sentiment et par la passion, opère non-seulement sur nous-mêmes et sur les objets qui sont devant nos yeux, elle travaille encore dans l'absence et dans l'éloignement; peut-être l'avenir même est-il compris dans le cercle de son activité inexplicable, et peut-être faut-il compter parmi ses effets ce qu'on appelle communément *apparitions des morts.* En admettant pour vraies une infinité de choses très-singulières dans ce genre, qui réellement ne sauraient être révoquées en doute; en y associant des apparitions analogues de personnes absentes qui se sont rendues visibles à leurs amis dans des lieux très-éloignés; en séparant de ces faits tout ce que la superstition y mêle de fabuleux, en leur assignant leur véritable prix, et en les combinant avec tant d'anecdotes authentiques qu'on raconte des pressentimens, nous parviendrons à établir une hypothèse digne d'occuper un des premiers rangs dans la classe des probabilités philosophiques; et la voici cette hypothèse:

« L'imagination, excitée par les désirs de l'amour, ou échauffée par telle autre passion bien vive, opère dans des lieux et des temps éloignés. »

Un malade, un mourant, ou quelqu'un qui se trouve

dans un péril imminent, soupire après son ami absent, après son frère, ses parens, son épouse. Ceux-ci ignorent sa maladie, ses dangers ; ils ne pensent point à lui dans ce moment. Le mourant, entraîné par l'ardeur de son imagination, perce à travers les murs, franchit les espaces, et apparaît dans sa situation actuelle, ou, en d'autres termes, il donne des signes de sa présence qui approchent de la réalité. Une telle apparition est-elle corporelle? Rien moins que cela. Le malade, le mourant languit dans son lit, et son ami vogue peut-être en pleine santé sur une mer agitée ; la présence réelle devient par conséquent impossible. Qu'est-ce donc qui produit cette espèce de manifestation? quelle est la cause qui agit, dans l'éloignement de l'un, sur les sens, sur la faculté visuelle de l'autre? C'est l'imagination, l'imagination éperdue d'amour et de désir, concentrée, pour ainsi dire, dans le foyer de la passion (car c'est ce qu'il faut supposer d'avance, quand même on voudrait admettre une coopération intermédiaire, puisqu'il n'y a que l'excès de la passion qui puisse justifier l'idée, la possibilité d'une pareille médiation spirituelle). Le *comment* de la question est inexplicable, je l'avoue ; mais les faits sont évidens, et les nier, ce serait insulter à toute vérité historique. Appliquons maintenant plus particulièrement ces remarques à notre sujet. N'y aurait-il point des situations de l'ame dans lesquelles l'imagination opérerait, d'une manière analogue et tout aussi incompréhensible, sur les enfans à naître? L'incompréhensibilité a quelque chose de révoltant pour nous, je le sens, je le sais ; mais les exemples que j'ai cités auparavant, et tous ceux qu'on peut alléguer dans ce genre ne présentent-ils pas les mêmes difficultés? Quelle est la certitude physique dont l'essence ne soit en même temps inconcevable à l'esprit? L'existence de Dieu même, et celle de ses ouvrages, n'est-elle pas à-la-fois positive et incompréhensible?

Nous voyons souvent des enfans qui naissent parfaitement bien constitués en apparence, et qui, dans la suite, quelquefois seulement au bout de plusieurs années, prennent des vices de conformation dont l'imagination ou le pressentiment de la mère avait été frappé, soit avant, soit pendant ou après la conception. Si les femmes pouvaient tenir un registre exact des accidens les plus remarquables qui leur sont arrivés pendant leur grossesse; si elles pouvaient combiner les émotions qu'elles ont senties, rendre compte des secousses que leur ame a éprouvées dans cet état, elles prévoiraient peut-être les révolutions physiologiques, philosophiques, intellectuelles, morales et physionomiques, par lesquelles chacun de leurs enfans aurait à passer; elles fixeraient peut-être d'avance les principales époques de la vie de ces enfans. Lorsque l'imagination est puissamment agitée par le désir, par l'amour ou la haine, un seul instant lui suffit pour créer ou pour anéantir, pour agrandir ou pour rétrécir, pour former des géans ou des nains, pour décider la beauté ou la laideur; elle imprègne alors le fœtus organique d'un germe d'accroissement ou d'appetissement, de sagesse ou de folie, de proportion ou de disproportion, de santé ou de maladie, de vie ou de mort; et ce germe ne se développe ensuite que dans un certain temps et dans des circonstances données. Cette faculté de l'ame, en vertu de laquelle elle opère ainsi des créations et des métamorphoses, n'a pas été suffisamment approfondie jusqu'ici ; mais elle ne s'en manifeste pas moins quelquefois de la manière la plus décisive. A la considérer dans son essence et dans ses principes, ne serait-elle pas analogue, ou plutôt identique avec cette foi miraculeuse qui peut être excitée et étendue, nourrie et fortifiée, par des secours extérieurs, là où elle existe déjà, mais qui ne saurait être communiquée ni inculquée à des esprits entièrement destitués de croyance. Ce ne sont ici que de simples aperçus, des conjectures purement hypothétiques ; je ne les donne que pour tels. Mieux développés, il pourraient servir à éclaircir les mystères les plus cachés de la science physiognomonique, *sed manum de tabula* (1).

De l'influence des physionomies les unes sur les autres.

Il nous arrive à tous de prendre les habitudes, les gestes et les mines de ceux que nous fréquentons familièrement. Nous nous assimilons en quelque sorte tout ce que nous affectionnons; et de deux choses l'une, ou c'est l'objet aimé qui nous transforme à son gré, ou

(1) L'engagement pris avec le public de ne rien retrancher de l'ouvrage de Lavater, dans cette nouvelle édition, a pu seul nous engager à conserver cet article sur les apparitions et les effets de l'imagination, ainsi que plusieurs autres plus dignes du 15e que du 19e siècle.

c'est nous qui tâchons de le transformer au nôtre. Tout ce qui est hors de nous agit sur nous, et éprouve une action réciproque de notre part; mais rien n'opère aussi efficacement sur notre individu que ce qui nous plaît, et rien n'est plus aimable sans doute, ni plus propre à nous toucher que le visage de l'homme : ce qui nous le rend aimable est précisément sa convenance avec le le nôtre. Pourrait-il influer sur nous et nous attirer, s'il n'existait pas des points d'attraction qui décident de la conformité, ou du moins de l'homogénéité de sa forme et de ses traits avec les nôtres? Je n'entreprendrai pas de pénétrer les profondeurs de ce mystère incompréhensible; je ne prétends point résoudre les difficultés du *comment*, mais le fait est certain; il y a des visages qui s'attirent les uns les autres, tout comme il y en a qui se repoussent : la conformité des traits entre deux individus qui sympathisent ensemble et qui se fréquentent souvent, marche de pair avec le développement de leurs qualités, et établit de l'un à l'autre une communication réciproque de leurs sensations privées et personnelles. Notre visage conserve, si j'ose m'exprimer ainsi, le reflet de l'objet aimé. Quelquefois ce rapport ne dépend que d'un seul point, tiré du caractère moral ou de la physionomie; souvent il ne tient qu'à un simple trait du visage; souvent il roule sur des singularités inexplicables, et qui n'admettent aucune espèce de définition.

La conformité du système osseux suppose aussi celle des nerfs et des muscles. Il est vrai cependant que la différence de l'éducation peut affecter ceux-ci de manière qu'un œil expérimenté ne sera plus en état de retrouver les points d'attraction ; mais rapprochez ces deux formes fondamentales qui se ressemblent, elles s'attireront mutuellement ; écartez ensuite les entraves qui les gênaient, et bientôt la nature triomphera ; elles se reconnaîtront comme chair de leur chair, et comme os de leurs os, et leur assimilation avancera à grands pas. Bien plus, les visages même qui diffèrent par la forme fondamentale, peuvent s'aimer, se communiquer, s'attirer, s'assimiler ; et s'ils sont d'un caractère tendre, sensible, susceptible, cette conformité établira entre eux avec le temps un rapport de physionomie qui n'en sera que plus frappant.

Il serait infiniment intéressant de faire connaître au juste le caractère des physionomies qui s'assimilent aisément. On sait, sans que je le dise, qu'il y a des physionomies qui attirent, et d'autres qui repoussent tout le monde ; il y en a d'entièrement indifférentes, et on distingue encore celles qui nous attirent ou nous repoussent tour-à-tour, et celles qui, en attirant les uns, repoussent les autres. Les physionomies universellement repoussantes ne font que dégrader de plus en plus les physionomies ignobles sur lesquelles elles exercent leur empire. Indifférentes, leur influence est nulle. Attractives enfin, elles donnent et reçoivent, ou exclusivement, ou tour-à-tour, ou tout à-la-fois. Dans le premier cas, elles n'opèrent que de légers changemens; dans le second cas, elles produisent des effets plus sensibles ; dans le troisième, elles excitent des révolutions complètes : elles supposent ces ames dont M. Heemsterhuys dit (1) : « Qu'heureusement ou malheureusement elles joignent le tact le plus fin et le plus exquis à cette énorme élasticité interne, qui les fait aimer et désirer avec fureur, et sentir avec excès, c'est-à-dire, ces ames qui sont ou modifiées ou placées de telle façon, que leur force attractive trouve le moins d'obstacles dans sa tendance vers leur but. » Il importerait d'étudier cette influence réciproque des physionomies, cette communication des esprits. L'assimilation m'a toujours paru plus frappante dans le cas où, sans aucune intervention étrangère, le hasard réunissait un génie purement communicatif et un génie purement fait pour recevoir, lesquels s'attachaient l'un à l'autre par inclination ou par besoin. Le premier avait-il épuisé tout son fonds; le second, reçu tout ce qui lui était nécessaire, l'assimilation de leurs physionomies cessait aussi : elle avait atteint, pour ainsi dire, son degré de satiété.

Encore un mot à toi, jeune homme trop facile et trop sensible! sois circonspect dans tes liaisons, et ne va point aveuglément te jeter entre les bras d'un ami que tu n'as pas suffisamment éprouvé. Une fausse apparence de sympathie et de conformité pourra te séduire aisément : garde-toi de t'y livrer! Sans doute il existe quelqu'un dont l'ame est à l'unisson de la tienne. Prends patience, il se présentera tôt ou tard, et lorsque tu l'auras trouvé, il te soutiendra, il t'élèvera; il te donnera ce qui te manque, et il t'ôtera ce qui t'est à

(1) Lettre sur les désirs, page 14.

charge. Le feu de ses regards animera les tiens ; sa voix harmonieuse adoucira la rudesse de la tienne ; sa prudence réfléchie calmera ta vivacité impétueuse. La tendresse qu'il te porte s'imprimera dans les traits de ton visage, et tous ceux qui le connaissent le reconnaîtront en toi. Tu seras ce qu'il est, et tu n'en resteras pas moins ce que tu es. Le sentiment de l'amitié te fera découvrir en lui des qualités qu'un œil indifférent apercevra à peine. C'est cette faculté de voir et de sentir ce qu'il y a de divin en lui, qui assimile ta physionomie à la sienne.

Une telle doctrine pourrait être des plus utiles. Je ne suis pas en état de la développer davantage dans ce moment-ci ; mais, avant de finir, je l'appuierai sur deux passages de la Bible, dont l'application devient sublime pour ma thèse : *Nous tous qui contemplons la gloire du Seigneur à visage découvert, nous serons transformés en la même image de gloire en gloire ; nous serons semblables à lui, car nous le verrons tel qu'il est.* (2. Cor., III, 18. — 1. Jean, III, 2.)

1. Cette figure parle d'elle-même. Absorbé dans sa misère, épuisé de maux, et soupirant après sa délivrance, cet homme conserve encore, jusque dans sa situation éplorée, un caractère de force et de noblesse. La physionomie, le port de la tête et tout le maintien du corps, indiquent une ame en proie à la douleur; mais cette douleur n'a rien de lâche ni d'efféminé.

Quiconque sait écouter est dans le chemin de la sagesse; vous serez sûr d'y rencontrer, par cette raison, l'homme de mérite dont je vous présente le portrait, n° 2.

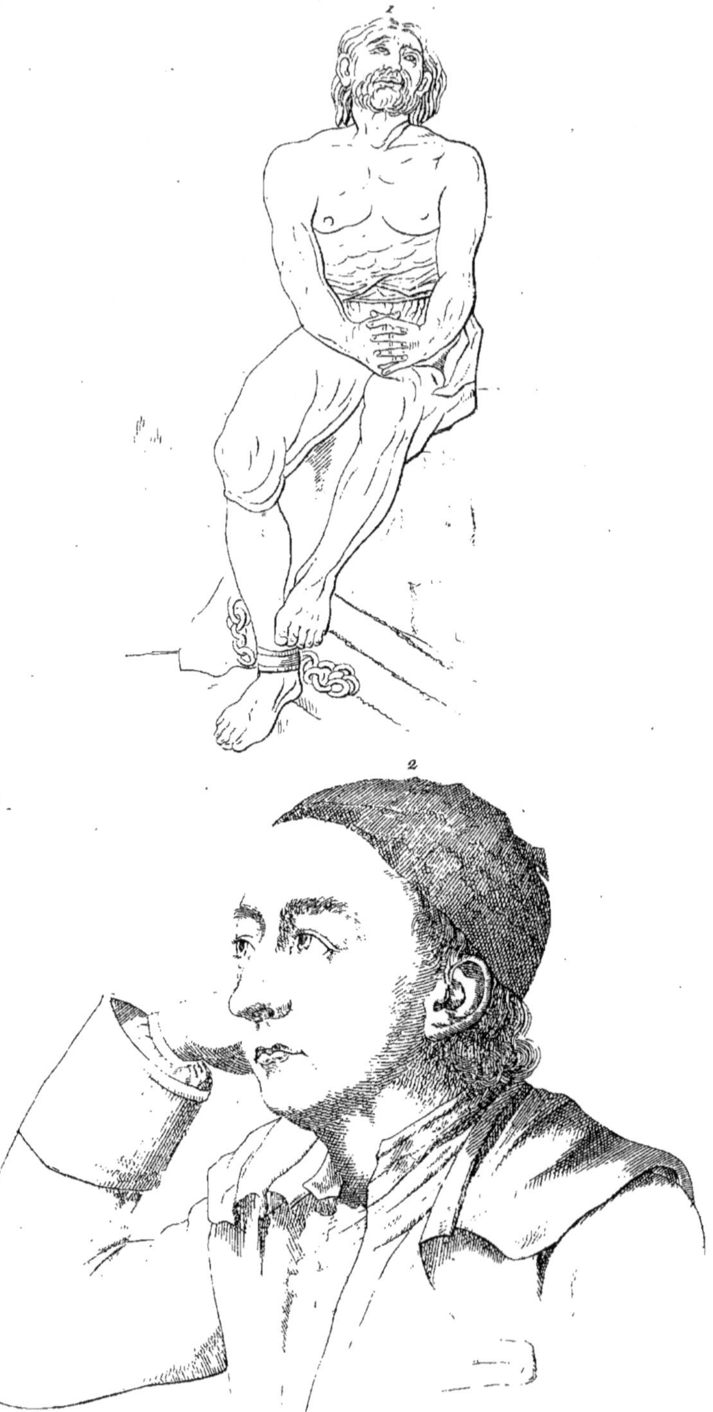
1
2

Attention consommée, tout occupée de son objet; elle le veille de près pour que rien ne lui échappe. Cet œil pénètre ce qu'il a fixé, et concentre dans son regard toute l'énergie d'un esprit observateur. La crainte d'être distrait se remarque dans la bouche; elle n'ose respirer : d'ailleurs cette bouche manque de vérité et de correction; et, dans cette tête-ci, ou du moins dans le haut du profil, tout paraît organisé pour une application extraordinaire, tout est ferme, tout est plein d'une force qui se soutient par elle-même, et qui peut se passer de secours étrangers. Un esprit attentif est capable de bien des choses. L'attention, dit M. Bonnet, est la mère du génie. Et j'ajoute qu'elle en est aussi la fille, tout comme la religion est la mère et la fille de la vertu.

Attention sans intérêt.

Ce profil a l'apparence d'une grandeur dont il est cependant dépourvu, quoique d'un autre côté il ne soit pas commun. Il semble écouter avec une attention mêlée d'étonnement. L'attitude de la tête caractérise assez bien l'action d'écouter ; l'œil l'exprime davantage, et cette bouche entr'ouverte mieux encore que tout le reste.

Mais je ne découvre ici ni sagacité, ni véritable intérêt. Quoiqu'il soit aisé de voir que le dessinateur a voulu éviter toute petitesse, et qu'il visait à une grandeur dont l'image se présentait confusément à son esprit, il n'est pas moins facile de reconnaître qu'il manquait d'ame, et n'était point fait pour rendre l'énergie du sentiment.

Ce visage n'a ni l'expression du calme, ni celle d'une forte passion ; j'y trouve plus de vide que de calme, et un étonnement qui n'est pas accompagné d'intérêt.

Le front, pris à part, n'est pas sans noblesse ; le nez, considéré séparément, est plein de grandeur ; et cependant, en les comparant l'un à l'autre, le physionomiste exercé apercevra un défaut d'harmonie et de faiblesse, sur-tout dans le passage du front au nez.

Je ne suis pas moins choqué de la disproportion qu'il y a entre la longueur du nez depuis le sourcil, et l'espace trop court qui est entre le nez et la bouche : disproportion qui produit une impression de faiblesse.

Le dessous du menton est trop massif, c'est la caricature d'un beau menton; il manque de noblesse et de délicatesse. Cette figure prouve en même temps qu'il n'y a pas toujours de l'ame dans tout ce qui passe pour beau, ce qui a un air antique et se rapproche de la forme grecque. Pour qu'un visage nous plaise et nous attache, il faut qu'il réunisse la proportion et l'expression bien lisible d'un sentiment interne; si rien ne l'émeut, il ne saurait nous émouvoir.

OBSERVATIONS PHYSIOLOGIQUES

SUR L'EXPRESSION ET LES CARACTÈRES

DES PASSIONS,

Par L.-J. Moreau (de la Sarthe), docteur en médecine.

I.

IDÉE GÉNÉRALE DES CARACTÈRES DES PASSIONS.

Dans l'étude de la nature morale, comme dans l'étude de la nature physique, il y a des faits extérieurs, des phénomènes à voir, à observer. Cette partie de l'étude de la nature morale embrasse tout ce qui tient au caractère, à l'expression des passions et à l'influence visible des affections de l'ame sur les organes.

Nous nous proposons, dans ces observations, d'analyser un grand nombre de ces phénomènes que Lavater n'a considérés que d'une manière générale, et à l'étude desquels il nous a préparés par les exercices physiognomoniques qui précèdent.

La recherche dans laquelle nous allons nous engager est une des parties les plus curieuses et les plus intéressantes de la physiologie appliquée aux arts et à la physiognomonie. C'est une analyse et un tableau des traits les plus forts et des nuances les plus délicates de ce qu'il y a de visible dans les mouvemens du cœur humain, de ces phénomènes extérieurs de la nature morale que la poésie se plaît à décrire ; et dont l'imitation, dans les chefs-d'œuvre de la sculpture ou de la peinture, nous fait éprouver de si délicieuses émotions.

Nous prendrons d'ailleurs, dans ces observations, le mot de *passions* dans un sens aussi étendu que les artistes, pour qui les mots *nature animée* et *nature passionnée* sont presque synonymes (1).

Dans le vocabulaire des Beaux-Arts on regarde comme des passions les impressions rapides et passagères, et les impressions profondes et durables ; les émotions soudaines et accidentelles, et les émotions habituelles ; en un mot, tous les états, toutes les affections de l'ame, toutes les grandes modifications de la sensibilité dont nous avons la conscience, et qui s'expriment par des modifications correspondantes de la physionomie.

Ces changemens, ces phénomènes extérieurs de la nature morale, ces caractères des passions, ont été observés avec soin, chez les anciens et chez les modernes, par les artistes et par les philosophes les plus célèbres.

Pline parle avec éloge d'un certain Aristide, de Thèbes, qui s'était illustré par l'art avec lequel il savait représenter toutes les affections de l'ame.

(1) C'est en prenant le mot *passions* suivant une acception aussi vaste que, dans le Dictionnaire des beaux-arts de l'Encyclopédie, l'on justifie Lebrun d'avoir mis la tranquillité au nombre des passions.

Hippocrate, qui ne négligea aucun détail, aucun point de vue dans l'observation de l'homme, recommande d'étudier attentivement l'expression morale du visage. « Il faut, dit-il, connaître avec soin les changemens extérieurs qui surviennent et qui dépendent de l'effet des passions ou des impressions ; par exemple, les dents sont agacées par le frottement de la meule d'un moulin ; les jambes tremblent à la vue d'un précipice près duquel on passe ; la vue soudaine d'un serpent couvre le visage d'une pâleur verdâtre ; il faut savoir comment les terreurs, la pudeur, les chagrins, le plaisir, la colère et d'autres sentimens agissent ; car alors certains organes sont plus particulièrement affectés, et on observe des sueurs, des palpitations qui dépendent de ces causes morales. » (1)

Junius, dans son ouvrage sur la peinture des anciens, prouve, de manière à ne laisser aucun doute, que les grands artistes grecs n'ont pas négligé l'expression dans leurs ouvrages ; et le Laocoon seul ne nous suffirait-il pas, dit Camper, pour nous faire voir jusqu'à quel point ces artistes avaient approfondi tout ce qui tient aux caractères de la douleur, si bien exprimés dans ce monument, qui souffre non-seulement dans le visage, mais dans tous ses membres, dans toutes ses parties, et jusque dans les moindres fibres de son organisation ?

Paul Lomazzo, dans son ouvrage publié en 1581,

(1) HIPPOCRATE, *de Humoribus*, p. 321, vol. 1, éd. de van *Derlinden*.

s'est beaucoup occupé de la description des caractères des passions, en les considérant moins toutefois dans leur rapport avec le jeu de la physionomie, que relativement aux mouvemens et aux attitudes.

Léonard de Vinci a traité de l'expression sous le même point de vue.

Raphaël, qui n'a pas donné des leçons, mais des exemples si admirables d'expression, est l'autorité la plus imposante que l'on puisse invoquer en traitant des caractères des passions.

Tout ce que la nature intellectuelle et morale a de vrai, de grand, de beau, de pathétique dans son extérieur, Raphaël l'a observé, l'a rendu, souvent en le perfectionnant de manière à élever l'ame du spectateur et à la faire s'émouvoir et sympathiser avec une nature angélique et céleste.

Pour voir avec intérêt un grand nombre de tableaux, il faut l'œil et l'esprit exercés de l'amateur ou de l'artiste. Comme la musique de Gluck, les tableaux de Raphaël plaisent à tous les hommes bien organisés, parce que ces admirables compositions doivent moins leur charme au faire de l'artiste qu'à son génie poétique et à la puissance de l'expression et du sentiment.

Raphaël ne parvint sans doute à produire de semblables effets que par ses observations pénétrantes et rapides sur les mouvemens du cœur humain. Suivant la remarque de Mengs, son esprit était éminemment philosophique, et jamais on n'a porté plus loin l'observation des passions et de leurs rapports avec les mouvemens, les attitudes, la forme des parties extérieures de l'organisation (1).

Poète et philosophe comme Raphaël, notre immortel le Poussin s'est également appliqué à l'étude appro-

(1) « Raphaël commençait toujours, quand il voulait faire un tableau, par s'occuper de l'expression, et rapportait son plan au nombre et au genre des passions qu'il voulait mettre en jeu dans sa composition. Dans la représentation de chaque personnage, les sentimens, les volontés, la pensée, le caractère historique de ce personnage, voilà ce qui l'occupait, et rien n'était négligé pour rendre la situation morale de ses acteurs dans le mouvement de la partie du corps qui pouvait le mieux l'exprimer, et dont le langage avait d'autant plus de valeur, que Raphaël savait à propos réduire au silence, ou même cacher les parties qui auraient eu trop peu d'effet.

» On trouve véritablement l'esprit de ce grand peintre dans chaque ouvrage, dans chaque groupe, dans chaque figure, dans chaque membre, et presque dans les cheveux et dans les draperies ; on voit en quelque sorte ses figures parler ou écouter avec calme ou avec agitation, méditer, penser d'une foule de manières différentes ; et toujours dans les passions fortes, on voit si elles commencent, si elles sont à leur plus haut degré, ou bien si elles se calment et finissent. Il y a dans son style, comme dans celui des grands écrivains de toutes les nations, une énergie et une propriété d'expression admirables.

» Raphaël a connu les plus petits détails de l'effet des passions sur les organes extérieurs, et souvent il a montré par un seul mouvement de doigt tout ce qu'il voulait faire penser de l'ame et du caractère de l'un de ses personnages. Il a également excellé dans la peinture des passions violentes et des passions plus calmes, et au langage desquelles l'ensemble ou quelques parties du visage suffisent. » (*Extrait des remarques de Mengs, sur Raphaël.*)

fondie et à la représentation éloquente de la nature morale et passionnée.

Lebrun, dont les tableaux sont si recommandables par l'expression, a joint la leçon à l'exemple, en publiant sur les caractères des passions une suite de descriptions et de dessins dont l'ensemble est regardé avec raison comme un ouvrage classique.

Nous avons fait entrer ces observations de Lebrun dans notre Supplément, sans y rien changer, ni pour le fond, ni pour la forme, qui nous ont paru mériter également d'être conservés dans toute leur pureté. Nous avons employé aussi les recherches de La Chambre, dont le Traité sur les caractères des passions n'est pas assez connu; les Recherches non moins intéressantes de Pearsons, Buffon, Camper, Haller, et celles de Watelet et de quelques autres écrivains plus ou moins recommandables (C).

Ce qui nous est propre dans ce Supplément, c'est l'ordre et le point de vue physiologique dans lesquels nous avons placé, pour les mieux voir, pour les voir avec un sentiment plus vrai et une connaissance plus approfondie de la nature, les différens états de la physionomie en mouvement, et tout ce qui peut être regardé dans l'exercice de la vie comme caractères des passions.

Ces observations sont d'ailleurs une suite nécessaire de notre Histoire anatomique du visage, et un complément indispensable des recherches de Lavater sur la *pathognomonique*, remplies d'intérêt, sans doute, attachantes sur-tout par l'heureux choix et le commentaire ingénieux d'un grand nombre de dessins, mais n'indiquant point avec assez de précision, et indépendamment de toute influence du caractère habituel de la physionomie, le changement organique, le mouvement, l'altération qui constitue le trait principal de chaque passion.

« Lorsque l'ame est tranquille, dit Buffon, toutes les parties du visage sont dans un état de repos; leur proportion, leur union, leur ensemble, marquent encore la douce harmonie des pensées, et répondent au calme de l'intérieur. Mais, lorsque l'ame est agitée, la face humaine devient le tableau vivant où les passions sont rendues avec autant de délicatesse que d'énergie, où chaque mouvement de l'ame est exprimé par un trait, chaque action par un caractère, dont l'impression vive et prompte devance la volonté, et rend au dehors, par des signes pathétiques, les images de nos secrètes agitations. »

Ces mouvemens, ces changemens extérieurs qui révèlent avec tant d'éloquence les affections de l'ame, sont évidemment des événemens organiques, des faits physiologiques, dont il est à la vérité bien difficile d'analyser et de reconnaître avec précision les diverses circonstances.

Ne pouvant saisir les nuances et les détails de ces phénomènes, essayons au moins d'en indiquer les traits principaux dans quelques vues générales.

Les changemens organiques qui constituent les caractères des passions sont de différente nature. Les uns consistent dans des mouvemens réguliers des muscles, et principalement des muscles du visage, sous l'empire de la volonté; les autres sont primitifs, involontaires, compliqués, et se passent dans plusieurs organes différens, que la passion a plus ou moins intéressés, suivant que dans son développement elle a été plus ou moins prompte, ou plus ou moins profonde ou énergique, plus ou moins liée à l'intelligence et au sentiment, ou à la vie animale et aux besoins physiques.

Les signes simples, primitifs et involontaires, sont les différentes contractions des muscles du visage et les mouvemens, les changemens de forme des diverses parties de la face, par l'effet de ces différentes contractions.

Les mouvemens calculés et volontaires des muscles des différentes parties du visage, de la tête, des bras, des jambes, de la totalité du corps, sont évidemment des phénomènes secondaires et ajoutés à la passion.

Dans chacun de ces signes, le mouvement qui s'opère ne vient pas immédiatement des organes où la passion est plus vivement éprouvée, mais du cerveau, qui agit régulièrement sur les muscles mis en mouvement et employés à l'expression.

La répétition et l'habitude perfectionnent ces signes comme elles perfectionnent toute autre espèce de langage (1); et il est impossible de ne pas voir que dans

(1) « Ces mouvemens, dit Buffon, sont si prompts, qu'ils paraissent involontaires, mais c'est par un effet de l'habitude qui nous trompe, etc. » Vol. 4, page 304.

ces phénomènes, les muscles sont employés par l'organe de la pensée au service du sentiment.

C'est véritablement d'une semblable expression que l'on peut dire avec Buffon, qu'elle est produite par l'esprit, par le commandement de la volonté, qui font agir les yeux, la tête, les bras (1) ; mouvemens qui paraissent être autant d'efforts que fait l'ame pour défendre le corps, signes secondaires qui répètent les passions, et qui pourraient seuls les exprimer, par exemple, dans l'amour, dans le désir, dans l'espérance, puisque dans les passions on lève les yeux vers le ciel comme pour demander le bien que l'on souhaite; ou l'on porte la tête et le corps en avant, comme pour avancer, en s'approchant de la possession de l'objet désiré; ou bien on étend les bras, on ouvre les mains pour le saisir, tandis que dans la crainte, dans la haine, dans l'horreur, nous avançons les bras avec précipitation, comme pour repousser ce qui fait l'objet de notre aversion (2).

Les signes primitifs sont tous involontaires. Ce sont

(1) **Buffon**, vol. 4, in-12, page 303.

(2) **Buffon**, même volume, page 304. La Chambre a fait aussi cette remarque. « Il y a, dit-il, quelque rapport avec le dessein que l'ame s'est proposé, puisqu'il est certain qu'elle abat les yeux dans la honte, comme si elle voulait les cacher; qu'elle les élève dans la colère, comme si cela servait à repousser l'injure; et qu'elle hausse le nez dans le mépris, comme si elle voulait chasser ce qu'elle dédaigne.

Voyez les Caractères des passions, par Cureau de la Chambre, 1 vol. in-16, édition de 1658, page 13.

des mouvemens sympathiques, des effets immédiats de l'impression plus ou moins vive qui constitue la circonstance principale de la passion.

Ces signes sont principalement les mouvemens convulsifs des muscles, les contractions involontaires, l'altération de la couleur, telles que toutes les nuances de pâleur et de rougeur, dans l'épouvante, la peur, la tristesse, la honte, la pudeur, la colère, le désir, etc. ; le trouble et les changemens particuliers de la respiration, d'où résultent les soupirs, les gémissemens, les pleurs, les sanglots, etc. Tous ces signes sont évidemment compliqués, puisqu'ils se montrent avec des caractères particuliers dans plusieurs domaines de l'empire de la vie.

Ces signes primitifs sont moins de véritables signes et des phénomènes ajoutés par la pensée à la passion pour la servir, que les circonstances extérieures de cette passion, trop vive, trop énergique, pour ne pas déceler sa véhémence par l'étendue de son expression.

La plupart de ces mouvemens, de ces actions, loin de servir la passion, contribueraient plutôt à la trahir, ou sont au moins inutiles; et on doit leur appliquer plus particulièrement la remarque de Cureau de la Chambre, « que l'ame se trompe dans plusieurs de ces mouvemens, et que dans diverses passions il y a beaucoup de pas perdus, de postures ridicules et de paroles superflues » (1).

(1) Les Caractères des passions, in-16. Amsterdam, 1658, page 13.

Les signes volontaires et les signes involontaires des passions s'unissent ou se trouvent isolément dans l'expression d'une affection de l'ame ; et il suffit d'indiquer cet isolement ou cette combinaison , de dire si les signes volontaires ou les signes involontaires dominent dans une expression quelconque, pour donner le trait général et principal d'un genre de passions.

Ainsi, par exemple, en parlant de la colère, on pourrait en commencer ainsi la description : les signes primitifs généraux et involontaires dominent dans l'expression de cette passion, et on y reconnaît à peine quelques signes dépendant de la volonté.

On indiquerait également par un trait rapide et caractéristique les autres passions, en les considérant ainsi d'une manière générale, relativement à la nature des signes que l'analyse physiologique démêle dans leur expression.

La pudeur n'est composée que d'un signe primitif et involontaire, la rougeur subite qui couvre le visage.

Les expressions de l'amour, du désir, de la tristesse, du regret, sont composées de signes involontaires et de signes volontaires. Dans l'expression de la douleur physique , les signes généraux et involontaires l'emportent sur les signes volontaires et simples : il en est de même de la tristesse profonde , de la joie vive, de l'ivresse et des transports du plaisir.

Plus, en général , l'intelligence a d'empire dans une passion, plus les signes volontaires dominent ; plus, au contraire, la passion dépend de la vie animale, et s'y rapporte par son objet, ou échappe à l'empire de la raison, plus les signes primitifs l'emportent sur les signes secondaires.

Les opérations de l'esprit qui modifient la physionomie, telles que l'imagination, l'attention, la contemplation, et les passions tout intellectuelles, telles que la curiosité, l'orgueil, le mépris et toutes ses variétés, la pitié, la bienveillance, l'amitié, ne s'annoncent que par des signes volontaires. Les signes primitifs dépendant de l'altération qui résulte du sentiment des passions véhémentes, ont, dans un grand nombre de cas, une force, une rapidité que rien ne peut arrêter ; et le trouble que ces mouvemens font paraître sur le visage est quelquefois si grand, que l'on serait presque tenté de dire avec Cureau de la Chambre ; « Ce sont véritablement des tempêtes qui sont plus violentes au rivage qu'en pleine mer ; et celui qui donnait avis de consulter son miroir dans la colère, avait raison de croire que les passions se devaient mieux connaître dans les yeux que dans l'ame même. »

On peut d'ailleurs rapporter les caractères des passions à trois classes d'expressions, qui répondent aux trois classes de passions que nous avons établies pour la distribution des observations de Lavater.

C'est dans cet ordre que nous avons cru devoir placer les descriptions classiques de Lebrun, et les observations physiologiques qui les complètent.

II.

DES EXPRESSIONS CONVULSIVES.

Ces expressions sont toutes violentes, subites, et, ne se bornant pas aux mouvemens variés du visage, s'étendent aux autres parties du corps, envahissent toute l'organisation, altèrent la vie dans ses foyers, dans ses fonctions les plus importantes, et paraissent quelquefois en suspendre l'action et les mouvemens.

Les signes primitifs involontaires dominent dans ces expressions, composées en général de mouvemens convulsifs, de véritables attaques de nerfs, d'accès de délire et de rage; de regards égarés et enflammés, de changemens de couleur, de décomposition des traits, de changemens dans la circulation et la respiration.

Les expressions convulsives ne sont pas d'ailleurs exclusivement propres aux passions violentes et à la douleur physique. Elles appartiennent aussi à plusieurs sentimens agréables très-vifs; et la joie, l'amour, ont leurs signes involontaires, leurs spasmes, leurs transports, quelquefois aussi dangereux que ceux de la fureur et du désespoir.

DE LA COLÈRE.

Lebrun décrit ainsi la colère, qui est la plus violente des passions *convulsives*.

« Lorsque la colère s'empare de l'ame, celui qui ressent cette passion a les yeux rouges et enflammés, la prunelle égarée et étincelante; les sourcils tantôt abattus, tantôt élevés également; le front paraît très-ridé, on remarque des plis entre les yeux; les narines s'ouvrent, s'élargissent; les lèvres se pressent l'une contre l'autre; l'inférieure surmonte celle de dessus, laisse les coins de la bouche un peu entr'ouverts, et forme un ris cruel et dédaigneux. »

Il faut ajouter à cette description, pour la rendre complète, les traits suivans, tirés en grande partie de la description plus détaillée de Cureau de la Chambre.

« La colère entre avec impétuosité, et à force ouverte dans l'ame, ou plutôt elle n'y entre pas; elle y tombe comme la foudre qui frappe à l'*impourveu*, et qui ne met point de temps entre la chute et l'embrasement qu'elle cause. Ce qui reste de raison et d'esprit alors est employé pour saisir et rapprocher tout ce qui peut exagérer l'offense et l'injure: il y a des passages subits des vociférations et d'une volubilité insolente, à un silence farouche; la tête est violemment et irrégulièrement agitée; il y a des grincemens de dents, des serremens convulsifs des mâchoires; les yeux se meuvent avec rapidité, sont souvent tournés de travers; tantôt ils semblent tourner, tantôt ils semblent s'arrêter; on y voit une tristesse farouche, une sécheresse étincelante, une inquiétude fière et hagarde; les lèvres sont quelquefois tuméfiées et renversées, couvertes de l'écume de la rage. La voix, d'abord aiguë, devient sourde et affreuse; la parole est entrecoupée; enfin, suivant l'observation du même auteur, l'homme en colère a le visage enflammé et boursouflé ; les veines du front, du cou et des tempes enflées et tendues ; le pouls lui bat avec promptitude et véhémence ; la poitrine s'élève par grandes secousses, et fait une respiration violente et précipitée : ensemble de signes et d'expressions qui offre la réunion de ce qu'il y a de plus difforme dans les plus cruelles maladies, et de ce qu'il y a d'horrible dans les animaux les plus farouches. »

Il n'y a que quelques signes volontaires dans l'expression de la colère ; ce sont tous les mouvemens, toutes les actions pour menacer, attaquer, combattre l'objet de cette cruelle passion ; tout le reste est en quelque sorte sympathique, et paraît sur-tout dans l'œil ; le dessous de la paupière s'enfle et devient livide ; les muscles du nez et les joues s'enflent aussi. La bouche est fort ouverte, et ses angles fort apparens ; les muscles et les veines du cou sont tendus ; les cheveux hérissés ; la couleur du visage, sur-tout celle du bout du nez, des lèvres, des oreilles et autour des yeux, pâle et livide ; en un mot, tout annonce le saisissement du cœur par le sang qui se retire vers lui, ce qui oblige de faire un effort. Aussi la bouche s'entr'ouvre-t-elle avec un mouvement convulsif, et les sons ne sont point articulés. La crainte appartient plutôt aux expressions oppressives qu'aux expressions convulsives.

DE L'HORREUR, DE LA FRAYEUR ET DES DOULEURS CORPORELLES.

« L'*horreur*. L'objet méprisé cause quelquefois de l'horreur ; alors le sourcil se fronce et s'abaisse beaucoup plus ; la prunelle, située au bas de l'œil, est à moitié couverte par la paupière inférieure. La bouche s'entr'ouvre, mais elle est plus serrée par le milieu que par les extrémités, qui, étant tirées en arrière, forment des plis aux joues. La couleur du visage est pâle ; les lèvres et les yeux un peu livides ; les muscles et les veines sont marqués, et cette affection a de la ressemblance avec la frayeur.

» La *frayeur*. La violence de cette passion altère toutes les parties. Le sourcil s'élève par le milieu ; les muscles sont marqués, pressés l'un contre l'autre, et baissés vers le nez, qui se retire en haut, aussi-bien que les narines ; les yeux sont fort ouverts, la paupière supérieure cachée sous le sourcil, le blanc de l'œil environné de rouge ; la prunelle, égarée, paraît fuir vers un objet ; les narines s'élèvent ; les lèvres s'élèvent aussi, et la bouche reste à demi ouverte.

» Dans la *douleur aiguë*, les sourcils sont rapprochés l'un de l'autre, et élevés vers le milieu ; la prunelle se cache sous le sourcil ; les narines s'élèvent, et marquent un pli aux joues ; la bouche s'entr'ouvre et se retire ; toutes les parties du visage sont agitées en proportion de la douleur.

» L'*extrême douleur corporelle* est annoncée par la violence de tous les mouvemens du visage. Les sourcils sont encore plus élevés et rapprochés; la prunelle est entièrement cachée sous le sourcil; la bouche est encore plus ouverte que dans la précédente passion, et plus retirée en arrière ; son ouverture paraît carrée : tous les traits sont plus ou moins marqués, plus ou moins agités.

» *L'extrême désespoir*. Comme cette passion est extrême, ses mouvemens le sont aussi. Le front se ride de haut en bas ; les sourcils s'abaissent sur les yeux, et se pressent du côté du nez. L'œil est en feu et plein de sang; la prunelle, égarée et cachée sous le sourcil, est étincelante et sans arrêt; les paupières sont enflées et livides; les narines grosses, ouvertes et élevées ; le bout du nez abaissé ; les muscles, les tendons, les veines, tendus ; le haut des joues gros, marqué et serré à l'endroit des mâchoires. La bouche, retirée en arrière, est plus ouverte par les côtés que par le milieu; la lèvre inférieure est grosse et renversée. L'homme désespéré grince des dents, écume, se mord; ses lèvres sont livides comme tout le reste de son visage; il a les cheveux droits et hérissés.

» La rage a des mouvemens semblables à ceux du désespoir, et qui semblent encore plus violens; car le visage devient presque tout noir, et se couvre d'une sueur froide; les cheveux se hérissent; les yeux s'égarent, et sont dans un mouvement contraire l'un à l'autre; la prunelle se tire tantôt du côté du nez et tantôt du côté des oreilles; toutes les parties du visage sont extrêmement marquées et gonflées. »

LA JOIE AUX ÉCLATS ET LE RIS.

« De la joie mêlée de surprise naît le ris. Ce mouvement s'exprime par les sourcils élevés vers le milieu de l'œil et abaissés du côté du nez ; les yeux, presque fermés, paraissent quelquefois mouillés de larmes qui ne changent rien au visage. La bouche entr'ouverte laisse voir toutes les dents ; les extrémités de la bouche, retirées en arrière, font faire un pli aux joues qui paraissent enflées ; les narines s'ouvrent, et le visage devient rouge-clair. »

Les chefs-d'œuvre de la sculpture et de la peinture présentent les plus beaux exemples de ces différentes passions si bien décrites par Lebrun.

La joie est parfaitement exprimée sur le visage et dans les gestes d'une femme qui est présente à la résurrection d'une jeune fille dans le Japon, opérée par saint François Xavier; sujet peint par le Poussin.

La tête d'un satyre qui attache les mains de Silène, dans un tableau de Coypel, offre une expression du rire très-fidèle, et dans laquelle se trouvent tous les caractères indiqués par Lebrun.

L'homme qui est derrière le Christ dans le tableau de la Femme adultère, par le Poussin, réunit dans sa physionomie animée tous les traits de la colère ; la figure du satrape dans la Bataille d'Alexandre contre Darius, par Lebrun ; un Saint Pierre, du Titien ; la physionomie entièrement bouleversée d'un Sabin, dans l'enlèvement des Sabines, par le Poussin, communiquent une partie de la frayeur dont ils offrent les signes, et expriment dans toute leur force l'effroi et l'épouvante.

Le désespoir est exprimé d'une manière non moins remarquable dans la tête du comte Eugolino, par Reynolds, qui semble avoir voulu rendre la peinture rivale de la poésie dans le tableau, dont cette figure fait partie ;, enfin le groupe de Laocoon et de ses fils, auquel nous allons nous arrêter un instant, fait ressortir avec autant de fidélité que de noblesse tout ce qu'il y a d'extérieur et de caractéristique dans la douleur la plus profonde et la plus générale.

Un poète moderne a décrit ainsi cet admirable monument, et nous engageons les lecteurs à comparer cette description avec la gravure que nous y joignons.

DE LAOCOONTIS STATUA

JACOBI SADOLETI CARMEN (1).

Ecce alto è terræ cumulo, ingentisque ruinæ
Visceribus iterum reducem longinqua reduxit
Laocoonta dies, aulis regalibus olim
Qui stetit, atque tuos ornabat, Tite, penates :
Divinæ simulacrum artis : nec docta vetustas
Nobilius spectabat opus ; nunc alta revisit
Exemptum tenebris redivivæ mœnia Romæ.
Quid primum summumve loquar ? Miserumne parentem,
Et Prolem geminam ? An sinuatos flexibus angues
Terribili adspectu ? Caudasque irasque draconum ?
Vulneraque, et veros, saxo moriente, dolores ?

(1) Un poète français a traduit ou plutôt imité, et de bien loin, cette description du Laocoon. Nous plaçons ici cette traduction pour les personnes qui n'entendent pas la langue latine :

Le voilà donc sorti de ces vastes décombres
Où la nuit du néant le couvrait de ses ombres,
Ce marbre si vanté, ce chef-d'œuvre des arts,
Le plus bel ornement du palais des Césars !
Non, jamais chez les Grecs, dans les jours de leur gloire,
Dans les siècles écrits au livre de mémoire,
Le ciseau créateur n'a produit à leurs yeux,
Pour les palais des rois, pour les temples des dieux,
Un ouvrage où l'artiste, où l'humaine industrie
Ait passé d'aussi loin la borne du génie.
Ce marbre qu'à genoux admiraient nos aïeux,
Chef-d'œuvre disparu que pleuraient leurs neveux,
Par le temps respecté dans ses formes divines,
Renaît pour être encor l'honneur des sept collines.

Horret ad hæc animus, mutaque ab imagine, pulsat
Pectora non parvo pietas commixta tremori.
Prolixum vivi spiris glomerantur in orbem
Ardentes colubri, et sinuosis orbibus oram,
Ternaque multiplici constringunt corpora nexu.
Vix oculi sufferre valent crudele tuendo
Exitium, casusque feros. Micat alter, et ipsum
Laocoonta petit, totumque infraque supraque
Implicat, et rabido tandem ferit ilia morsu.
Connexum refugit corpus; torquentia sese
Membra latusque retro sinuatum à vulnere cernas.
Ille, dolore acri et laniatu impulsus acerbo,
Dat gemitum ingentem; crudosque avellere dentes
Connixus lævamque impatiens ad terga chelydri
Objicit: intendunt nervi, collectaque ab omni
Corpore, vis frustra summis conatibus instat.

D'un si noble travail quels traits peindre d'abord!
Est-ce un père et ses fils luttant contre la mort,
Les serpens monstrueux altérés de carnage,
Tous leurs muscles gonflés des poisons de la rage,
Leurs replis tortueux, leurs dards ensanglantés,
(O prodiges de l'art à mes yeux présentés!)
Le marbre obéissant aux lois de la nature,
Et qui semble mourir des tourmens qu'il endure?
Parmi ces traits divers, obligé de choisir,
Je ne puis qu'en silence admirer et frémir;
Et Laocon mourant, ses fils à l'agonie,
De leurs propres douleurs accablent mon génie.
Les serpens, recourbés en replis inégaux,
Embrassent dans les nœuds de leurs vastes anneaux
Le père et ses enfans, dont les membres fragiles
Sont froissés et meurtris sous le poids des reptiles.
L'un d'eux faisant siffler son effroyable dard,
Qu'il plonge, à coups pressés, dans le flanc du vieillard,
Toujours plus altéré du sang de sa victime,
En abreuve à longs traits la fureur qui l'anime.

Ferre nequit rabiem, et de vulnere murmur anhelum est.
At serpens, lapsu crebro redeunte, subintrat
Lubricus, intortoque ligat genua infirma nodo.
Crus tumet, obsepto turgent vitalia pulsu,
Liventesque atro distendunt sanguine venas.
Nec minus in natos eadem vis effera sævit,
Amplexuque angit rabido, miserandaque membra
Dilacerat: jamque alterius depasta cruentum
Pectus, supremaque genitorem voce cientis,
Circumjectu orbis, validoque volumine fulcit.
Alter, adhuc nullo violatus corpora morsu,
Dum parat adducta caudam divellere planta,
Horret ad adspectum miseri patris, hæret in illo;
Et jamjam ingentes fletus, lacrymasque cadentes
Anceps in dubio retinet timor. Ergo perenni
Qui tantum statuistis opus, jam laude nitetis,

Voyez comme à l'instant le corps de Laocon
Saillit, pour l'éviter, sous le dard du dragon,
Se courbe en frissonnant, et reporte en arrière
Le côté qu'entr'ouvrit la flèche meurtrière!
C'est en vain qu'il s'efforce à raffermir son cœur,
Le cri du désespoir échappe à sa douleur.
Tandis que du bras droit ce vieillard intrépide
S'oppose au dard du monstre, à sa rage homicide,
Du bras gauche, étendu sur son corps écailleux,
Il tâche d'écarter, de rompre tous ses nœuds;
Mais, malgré son courage et sa mâle énergie,
Malgré tous ses efforts pour défendre sa vie,
Bientôt le poison frappe à son cœur qu'il atteint,
La douleur le suffoque, et son souffle s'éteint.
Le serpent, irrité de ses propres blessures,
Resserre encor ses nœuds, redouble ses morsures;
Dans le sein du vieillard, par des poisons nouveaux,
De son sang qui se glace, infecte les canaux,
Et, toujours lui livrant des assauts plus rapides,
Promène le trépas dans ses veines livides.

Artifices magni (quanquam et melioribus actis
Quæritur æternum nomen, multoque licebat
Clarius ingenium venturæ tradere famæ);
Attamen ad laudem quæcunque oblata facultas,
Egregium hanc rapere, et summa ad fastigia niti;
Vos rigidum lapidem vivis animare figuris
Eximii, et vivos spiranti in marmore sensus

Mais quel spectacle offert à mes yeux interdits
Augmente encor l'effroi dont mes sens sont saisis!
Dieux justes, protégez et sauvez l'innocence!
Verriez-vous sans pitié les larmes de l'enfance?
Je vois de Laocon les enfans malheureux,
Sous les yeux de leur père encore ouverts sur eux,
Dans les nœuds des dragons, dans leur prison sanglante,
Immobiles d'horreur, palpitans d'épouvante.
Le plus jeune, étouffé par les flots de venin
Que le second serpent a versé dans son sein,
Suspendu dans les nœuds du monstre qui l'enserre,
Expire, en implorant le secours de son père;
L'autre, qu'un dieu sans doute a couvert de son bras,
Échappé par miracle à la faux du trépas,
Élève, pour frapper le reptile barbare,
Un pied qu'on voit frémir de l'effort qu'il prépare;
Mais, tournant sur son père un œil épouvanté,
Où naissent quelques pleurs dont il est humecté,
Il retient ses soupirs, il commande à la plainte,
Et reste inanimé de douleur et de crainte.

Auteurs de ce chef-d'œuvre, artistes immortels,
Dont l'amitié guida les ciseaux fraternels,
Le génie a gravé, par les mains de la gloire,
Vos trois noms réunis au temple de mémoire.
Ce marbre sous vos mains reçut le mouvement,
Et des traits animés du feu du sentiment,
Il exprime l'effroi, la douleur, la colère,
D'un être organisé l'auguste caractère;
Et, dans l'illusion qu'il produit sur les cœurs,
On entend ses soupirs, on voit couler ses pleurs.

Inserere adspicimus, motumque iramque doloremque,
Et pene audimus gemitus. Vos obtulit olim
Clara Rhodos; vestræ jacuerant artis honores
Tempore ab immenso, quos rursum in luce secunda
Roma videt, celebratque frequens; operisque vetusti
Gratia parta recens : quanto præstantius ergo est
Ingenio, aut quovis extendere fata labore,
Quam fastus et opes, et inanem extendere luxum!

On a souvent comparé le Laocoon de Virgile avec le groupe dont on vient de lire la description; et on ne peut se refuser à penser que les différences qui ont été observées dans la manière dont la sculpture et la poésie ont traité le même sujet, dépendent de la différence de moyens, plutôt que de celle du génie des auteurs de ces chefs-d'œuvre.

Virgile montre évidemment les caractères de la douleur avec plus de détail et moins de ménagement : la langue, qui s'adresse à l'oreille, a nécessairement plus de franchise, et peut impunément dire ce que le langage de la sculpture ne pourrait montrer sans offenser

Illustres citoyens d'une illustre patrie,
Souveraine des mers, et reine de l'Asie,
Rhodes, qui vous vit naître, admira vos travaux,
Et leur dut dans les arts des triomphes nouveaux.
Mais, dans la nuit des temps, de vos œuvres perdues,
On eût en vain cherché les traces disparues,
Quand Rome tout-à-coup, du sein de ses débris,
Vit vos titres d'honneur, dans l'ombre ensevelis,
Par le dieu des beaux-arts rendus à la lumière,
Reprendre leur éclat et leur splendeur première.

peut-être notre sensibilité. On pourra en juger, en comparant ce fragment ci-joint avec notre dessin et la description de Sadolet (1).

Hic aliud majus miseris multòque tremendum
Objicitur magis, atque improvida pectora turbat.
Laocoon, ductus Neptuno sorte sacerdos,
Solemnes taurum ingentem mactabat ad aras.
Ecce autem gemini à Tenedo tranquilla per alta
(Horresco referens) immensis orbibus angues
Incumbunt pelago pariterque ad littora tendunt;
Pectora quorum inter fluctus arrecta jubæque
Sanguineæ exsuperant undas, pars cetera pontum
Ponè legit, sinuantque immensa volumine terga.

(1) M. Delille a traduit ainsi ce fragment :

Dans ce même moment, pour mieux nous aveugler,
Un prodige effrayant vient encor nous troubler.
Prêtre du dieu des mers, pour le rendre propice,
Laocoon offrait un pompeux sacrifice,
Quand deux affreux serpens, sortis de Ténédos,
(J'en tremble encor d'horreur!) s'alongent sur les flots;
Par un calme profond, fendant l'onde écumante,
Le cou dressé, levant une crête sanglante,
De leur tête orgueilleuse ils dominent les eaux;
Le reste au loin se traîne en immenses anneaux.
Tous deux nagent de front, tous deux des mers profondes
Sous leurs vastes élans font bouillonner les ondes.
Ils abordent ensemble, ils s'élancent des mers;
Leurs yeux rouges de sang lancent d'affreux éclairs,
Et les rapides dards de leur langue brûlante
S'agitent en sifflant dans leur gueule béante.
Tout fuit épouvanté. Le couple monstrueux
Marche droit au grand-prêtre; et leur corps tortueux

Fit sonitus, spumante salo, jamque arva tenebant;
Ardentesque oculos suffecti sanguine et igni,
Sibila lambebant linguis vibrantibus ora.
Diffugimus visu exsangues. Illi agmine certo
Laocoonta petunt; et primùm parva duorum
Corpora natorum serpens amplexus uterque
Implicat, et miseros morsu depascitur artus.
Post, ipsúm, auxilio subeuntem ac tela ferentem,
Corripiunt, spirisque ligant ingentibus, et jam
Bis medium amplexi, bis collo squamea circum
Terga dati, superant capite et cervicibus altis.
Ille simul manibus tendit divellere nodos,
Perfusus sanie vittas atroque veneno;
Clamores simul horrendos ad sidera tollit:
Quales mugitus, fugit quum saucius aram
Taurus, et incertam excussit cervice securim.

D'abord vers ses deux fils en orbe se déploie,
Dans un cercle écaillé saisit sa faible proie,
L'enveloppe, l'étouffe, arrache de son flanc
D'affreux lambeaux suivis de longs ruisseaux de sang.
Le père accourt : tous deux à son tour le saisissent,
D'épouvantables nœuds tout entier l'investissent;
Deux fois par le milieu leurs plis l'ont embrassé,
Par deux fois sur son cou leur corps s'est enlacé;
Ils redoublent leurs nœuds; et leur tête hideuse
Dépasse encor son front de sa crête orgueilleuse.
Lui, dégouttant de sang, couvert de noirs poisons,
Qui du bandeau sacré profanent les festons,
Roidissant ses deux bras contre ces nœuds terribles,
Exhale sa douleur en hurlemens horribles :
Tel, d'un coup incertain par le prêtre frappé,
Mugit un fier taureau de l'autel échappé,
Qui, du fer suspendu victime déjà prête,
A la hache trompée a dérobé sa tête.
Enfin, dans les replis de ce couple sanglant,
Qui déchire son sein, qui dévore son flanc,

At gemini lapsu delubra ad summa dracones
Effugiunt, sævæque petunt Tritonidis arcem;
Sub pedibusque deæ clipeique sub orbe teguntur.

Si l'on compare cette description de Virgile avec le groupe, les différences ne paraîtront peut-être pas aussi grandes que Winckelmann et Lessing l'ont prétendu.

Sans doute les sculpteurs grecs ont montré dans le groupe de Laocoon et de ses fils l'expression d'une grande douleur corporelle, sans nuire à la beauté, et en tempérant par les signes d'une puissance morale ce que la souffrance pouvait avoir de trop convulsif; sans doute que, voulant parler aux yeux, et ne pouvant atteindre l'imagination et la sensibilité que par des images, ils ont dû être moins prodigues des signes d'une angoisse et d'un supplice, que la poésie a pu décrire dans toute leur étendue, sans craindre de donner des émotions trop vives; il serait difficile de ne pas être frappé de ces différences; il serait même difficile de ne pas partager au moins une partie de l'enthousiasme de Winckelmann, lorsqu'il s'écrie, à la vue de l'expression douloureuse et noble du marbre, si vivement et si cruellement rendu sensible :

« L'ame la plus forte est peinte sur le visage de Laocoon, et non pas seulement sur son visage; mais la douleur qui se découvre dans tous les tendons, et que

Il expire..... Aussitôt l'un et l'autre reptile
S'éloigne; et, de Pallas gagnant l'auguste asile,
Aux pieds de la déesse, et sous son bouclier,
D'un air tranquille et fier va se réfugier.

la contraction pénible du bas-ventre nous fait presque partager seule. Cette douleur n'est mêlée d'aucune expression de rage ni sur le visage, ni dans l'attitude entière; on n'entend point ici cet effroyable cri du Laocoon de Virgile. L'ouverture de la bouche ne permet pas de le supposer, elle indique plutôt un soupir d'angoisse étouffée, comme l'a décrit Sadolet. La grandeur du corps et la grandeur de l'ame sont réparties en forces égales dans toute la construction de la figure, et pour ainsi dire balancées. Laocoon souffre mais souffre comme le Philoctète de Sophocle; sa misère nous perce le cœur; mais on voudrait pouvoir la supporter comme lui. Exprimer une si grande ame, c'est faire plus que de peindre seulement la belle nature. L'artiste a dû sentir en lui-même cette force d'esprit dont son marbre porte l'empreinte. La Grèce vit plus d'une fois le philosophe et l'artiste réunis dans la même personne: elle eut plus d'un Métrodore. La philosophie chez elle tendait la main aux arts, et donnait au corps de sa création des ames plus que communes. »

Nous remarquerons, tout en approuvant le fond des idées de ce fragment, qui tient à la philosophie générale de l'auteur, qu'il n'est pas vrai, comme on l'a si souvent répété depuis Winckelmann, que le Laocoon sculpté n'ait pas la bouche entr'ouverte, et que sa douleur ne soit pas exprimée par des cris. En supposant, ce qui n'est pas démontré, que les sculpteurs ont travaillé d'après le poète (1), on commet une grande er-

(1) Cette opinion est celle de Marliani et de Montfaucon; l'opinion opposée est celle de Maffei, Richardson, Hagedorn.

reur, en croyant avec Lessing, que le Laocoon de Virgile doit crier, et qu'il crie de toutes ses forces; tandis que le Laocoon en marbre ne doit pas crier, qu'il ne crie pas, et que sa douleur n'est exprimée que par les contractions pathétiques de ses flancs et de ses membres, dont il semble que la souffrance agite et soulève toutes les parties.

Le Laocoon sculpté crie évidemment, gémit au moins; et, pour s'en convaincre, il suffit de le regarder, sans se persuader d'avance que l'idéal et la noblesse des sentimens sont opposés à cette expression de la nature souffrante; en général, le Laocoon poétique et le Laocoon sculpté ne diffèrent, relativement aux caractères de la douleur, que par des détails d'exécution dépendans de la nature des moyens employés par la sculpture.

Les traits principaux de la composition de ces admirables tableaux sont parfaitement d'accord. La réunion de Laocoon et de ses fils, par les replis cruels, par les étreintes meurtrières des serpens qui les enlacent tous les trois, qui les serrent, qui les confondent en quelque sorte dans une même douleur, se trouve également dans les deux compositions, comme le prouvent ces vers, dont le sens ne paraît pas avoir été compris par Montfaucon, qui regarde ce partage de douleurs entre le père et ses fils comme propre au groupe sculpté (1).

(1) « Il semble, dit Montfaucon, selon ce que dit le poëte, que les serpens quittèrent les enfans pour entortiller le père, au lieu que dans le marbre ils lient en même temps le père et les

. . . . Illi agmine certo
Laocoonta petunt ; et primùm parva duorum
Corpora natorum serpens amplexus uterque
Implicat, et miseros morsu depascitur artus.
Post, ipsum, auxilio subeuntem ac tela ferentem,
Corripiunt spirisque ligant ingentibus. . . . .

Le poète et le sculpteur se sont également accordés sur la position des bras qu'ils ont laissés libres pour ne pas gêner le mouvement des mains, qui est d'un si grand effet, et sans lequel la physionomie la plus éloquente n'exprimerait pas avec assez de force les ébranlemens rapides et profonds de la sensibilité.

Là s'arrête l'accord de la poésie et de la sculpture ; et Virgile, sans nuire à l'expression, peint Laocoon avec ses habits pontificaux, et fait replier deux fois les serpens autour de son corps et de son cou, sans craindre de nuire ainsi à l'effet de sa composition.

Bis medium amplexi, bis collo squamea circum
Terga dati superant capite, et cervicibus altis.

La sculpture a dû s'écarter, et s'est écartée en effet de la poésie dans ces deux circonstances ; ne racontant pas, mais montrant la douleur de Laocoon dans tout ce qu'elle a de visible et de capable d'émouvoir profondément le spectateur ; elle n'a pas dû embarrasser les flancs et le cou par les orbes multipliés des serpens, qui n'auraient pas laissé apercevoir ces contrac-

enfans. » (*Supplément aux Antiques expliqués*, volume 1, page 243.)

tions et ces mouvemens qui donnent au marbre une si grande expression de douleur (1).

Les parties inférieures ont été moins épargnées ; les cruels reptiles s'y sont attachés ; ils environnent, ils serrent les jambes et les cuisses du malheureux Laocoon, sans nuire à la beauté des formes ou à la force de l'expression ; et à l'image de cet effet se joint alors nécessairement l'idée si touchante de la douleur impuissante, arrêtée, sans défense, contrainte à une immobilité qui convient d'ailleurs aux moyens de la sculpture.

On voit également pourquoi la sculpture n'a point fait usage de draperies et d'aucun accessoire de ce genre.

Chez le poète, des habillemens ne cachent rien, ne nuisent pas à l'effet, et en lisant Virgile, les souffrances de Laocoon sont également senties, avec ou sans draperies. Ce trait,

Perfusus sanie vittas atroque veneno,

qui serait d'un si mauvais effet en sculpture, ajoute à la beauté du tableau dans Virgile.

(1) François Cleyn, auteur des dessins qui ont été faits pour l'édition somptueuse du Virgile d'Ogilvy, grand in-fol., a eu assez de mauvais goût pour environner le corps de Laocoon par les replis des serpens. Il suffira de regarder son ridicule dessin pour se convaincre que si la peinture ou la sculpture peuvent traduire un morceau de poésie, c'est d'une manière extrêmement libre, et sans jamais perdre de vue la nature du signe qu'elles emploient.

Le peintre, le sculpteur, qui doivent autant à la beauté des signes qu'ils emploient qu'à la beauté de leur invention et des pensées, et des sentimens qu'ils expriment, ne pourraient nous montrer un Laocoon habillé, sans perdre presque tout leur effet pittoresque. « Une étoffe, dit Lessing, un ouvrage de mains serviles, a-t-elle donc la même beauté qu'un corps organisé, qu'un ouvrage de la sagesse éternelle? Faut-il les mêmes talens pour imiter l'un ou l'autre? leur imitation a-t-elle le même mérite et fait-elle le même honneur? Nos yeux enfin ne demandent-ils qu'une illusion, et sont-ils indifférens pour l'objet même de l'illusion? »

Dans l'exemple cité, les auteurs du groupe sculpté n'eussent-ils laissé à Laocoon que le bandeau sacré, qui est d'un si bel effet dans le tableau de Virgile, l'expression y aurait perdu, le front eût été en partie couvert, et c'est là sur-tout que l'expression réside.

Plus on méditera sur ces rapprochemens entre les deux expressions les plus parfaites de la douleur, dans la langue de la poésie et de la sculpture, mieux on verra combien la différence dans les moyens en détermine dans l'exécution; plus on sera convaincu qu'il n'est pas vrai, comme l'ont avancé quelques écrivains égarés par leur théorie, qu'une bonne description poétique doive fournir un beau tableau, et qu'un poète n'ait réussi à peindre que lorsqu'un artiste peut le suivre dans tous ses traits (1).

(1) *Voyez* LESSING. Du Laocoon ou des limites respectives de la poésie et de la peinture; traduit de l'allemand par Charles Vanderbourg, page 52 et suiv.

Si l'on considère les passions convulsives relativement à leurs phénomènes physiologiques, il est facile de voir, par leurs caractères, qu'elles occasionent quatre modifications bien remarquables et bien distinctes de l'organisation, suivant qu'elles se rapportent à la colère, à la frayeur, à la douleur corporelle, et à la joie vive et subite.

Dans toutes les expressions relatives à la colère, il y a évidemment augmentation subite d'énergie, et cette réaction vive que l'on observe à un si haut degré dans les accès des maniaques.

Tous les signes, tous les caractères dont se composent ces expressions véhémentes et spasmodiques, sont des effets de cet excès de réaction pendant lequel les forces paraissent quelquefois domptées, et capables au moins de vaincre des résistances et de renverser des obstacles par lesquels on serait arrêté d'une manière insurmontable dans une situation plus calme de la sensibilité.

Les personnes qui meurent dans un accès de colère, meurent apoplectiques.

Le gonflement des veines, le rouge noir, et quelquefois violet de la face, dans la fureur, annoncent d'ailleurs assez l'engorgement sanguin du cerveau, qui est une des principales circonstances physiologiques de la colère. Les phénomènes de cette passion s'étendent d'ailleurs à plusieurs sécrétions qu'ils rendent plus abondantes ou plus actives, et l'on n'ignore pas que des mouvemens subits de fureur peuvent occasioner une fièvre bilieuse, et qu'ils peuvent imprimer à la salive d'un animal, ou au lait d'une nourrice, des propriétés vénéneuses.

Dans tous les cas, le désordre, l'état convulsif, dépendent de l'excès de la réaction.

Dans les expressions relatives à la frayeur, l'état contraire a lieu. La disposition convulsive dépend de la faiblesse; les forces de la vie sont comme suspendues dans leur développement, ou se retirent vers les organes intérieurs avec une précipitation qui peut devenir mortelle. Le frisson qui se manifeste dans ces circonstances paraît dépendre de la contraction de la peau, qui se resserre alors comme à l'occasion de l'impression d'un froid subit, ou du début d'une fièvre intermittente; l'alongement stupide des traits, la pâleur du visage, l'irrégularité ou la suspension des mouvemens, le tremblement, la faiblesse du pouls, et quelquefois l'évanouissement, sont autant de phénomènes qui appartiennent aux expressions de l'épouvante et de l'effroi, et qui ne permettent pas de douter que l'organisation est alors dans un état de faiblesse qui rend toutes les actions de la vie impuissantes, irrégulières et incertaines.

Dans la douleur corporelle, l'état convulsif dépend immédiatement de l'impression douloureuse; c'est un effet purement organique, un résultat de la sympathie générale de l'organisation, dont toutes les parties sont agitées, frémissent, se soulèvent, lorsque quelques-unes d'entre elles sont le siége d'une violente douleur. L'intelligence, la raison, n'entrent pour rien dans ces phénomènes, que pour en modérer ou en exagérer l'effet, suivant que l'imagination a été dirigée par les habitudes privées, et par les institutions nationales ou religieuses (1).

Dans les expressions convulsives relatives à la joie, on ne trouve ni cet excès, ni cette faiblesse de réaction, ni ces tremblemens et ces agitations sympathiques propres aux expressions de la colère, de l'épouvante et de la douleur physique.

L'organisation, par un ébranlement subit et agréable de la sensibilité, est livrée à un mouvement exagéré d'expansion, qui appelle le sang artériel dans les vaisseaux de la face, qui épanouit et développe tous les traits du visage, et détermine en même temps l'accélération convulsive des mouvemens du diaphragme, d'où résulte le rire et l'expression spasmodique d'une joie vive et bruyante.

Il est évident que la plupart de ces caractères des passions convulsives sont primitifs et non provoqués par la volonté ; que loin de servir les passions dont ils font partie, ils leur nuisent, au moins en grande partie ; et que, loin de les appeler, la raison et la volonté cherchent à les diminuer ou à en arrêter, autant qu'il est possible, l'expression et le développement.

(1) On sait que le pouvoir de ces institutions a été quelquefois jusqu'à retenir et supprimer en quelque sorte tous les caractères de la douleur au milieu des supplices les plus cruels.

III.

DES EXPRESSIONS OPPRESSIVES.

Dans un grand nombre d'expressions oppressives, les signes volontaires et les signes involontaires ne dominent que dans le cas où l'expression est plus vive, plus forte, comme dans le pléurer, les sanglots, les transports de la haine et de la jalousie, qui lient en quelque sorte les expressions oppressives aux expressions spasmodiques et violentes.

Les passions correspondantes aux expressions oppressives sont en général tristes, chagrines, haineuses, timides et sombres : ce sont la haine, l'envie, la jalousie, la crainte, les regrets, les remords, les chagrins divers, et toutes les modifications de la tristesse, qui est la douleur de l'ame.

On a regardé avec raison comme *débilitant* le sentiment attaché à ces différentes passions, qui sont véritablement caractérisées par une angoisse plus ou moins vive, par une oppression bien marquée, et par un retrait et un affaiblissement de la force vitale, comme l'annoncent l'état du pouls, la décoloration du visage, les tremblemens, la maigreur, l'abattement et quelquefois une langueur mortelle, ou des syncopes et des attaques de nerfs.

Le *soupir* est le degré le plus faible de ces expressions oppressives.

« Lorsque l'on vient à penser tout-à-coup à quelque

chose que l'on regrette vivement, dit Buffon, on ressent un resserrement, un tressaillement intérieur. Ce mouvement du diaphragme agit sur les poumons ; les élève, et occasione une inspiration vive et prompte qui forme le soupir ; et lorsque l'ame a réfléchi sur la cause de son émotion, et qu'elle ne voit aucun moyen de remplir son désir, ou de faire cesser ses regrets, les soupirs se répètent, et la tristesse succède à ces premiers mouvemens. »

Suivant Lebrun, dans la tristesse, il y a des signes d'abattement et d'inquiétude, et le sourcil est plus élevé vers le milieu du front que du côté des joues. Celui qui est en proie à cette passion a les prunelles troublées, le blanc de l'œil jaunâtre, les paupières abattues et un peu enflées ; le tour des yeux livide ; les narines tirant en bas ; la bouche entr'ouverte et ses angles abaissés ; la tête paraît nonchalamment penchée sur une épaule ; toute la couleur du visage est plombée et les lèvres pâles.

La *crainte*, qui se rapproche beaucoup de la tristesse par ses effets oppressifs, par le refoulement de la sensibilité, et par une sorte de *retrait* des forces vitales, s'exprime, suivant la remarque de Lebrun, par le sourcil un peu élevé du côté du nez. La prunelle, étincelante et dans un mouvement inquiet, est située dans le milieu de l'œil ; la bouche, plus ouverte par les côtés que par le milieu, se retire en arrière, et la lèvre inférieure est plus retirée que l'autre.

La *jalousie*. Elle s'exprime par le front ridé, le sourcil abattu et froncé ; l'œil étincelant, et la prunelle cachée sous les sourcils, tournée du côté de l'objet qui cause la passion, le regardant de travers, et d'un côté opposé à la situation du visage. La prunelle doit paraître sans arrêt et pleine de feu, aussi-bien que le blanc de l'œil et les paupières; les narines sont pâles, ouvertes, plus marquées que dans l'état habituel, et retirées en arrière, ce qui cause des plis aux joues; la bouche peut être fermée, et faire connaître que les dents sont serrées; la lèvre de dessus excède celle de dessous; et les coins de la bouche doivent être retirés en arrière et fort abaissés; les muscles des mâchoires paraissent enfoncés; il y a une partie du visage qui doit être enflammée, et l'autre jaunâtre; les lèvres sont pâles et livides (1).

Lorsque la jalousie est dissimulée et concentrée, une pâleur livide et sombre couvre ordinairement le visage; telle doit être l'expression de Mithridate dans la scène où il arrache le secret de Monime. D'André Bardon, qui fait cette remarque, ajoute avec raison, que la révélation du secret change entièrement la physionomie du monarque jaloux; que le trouble, la fureur, le désespoir doivent couvrir subitement son visage de teintes les plus enflammées : changement qui arrache à la malheureuse princesse, qui s'est trahie, cette exclamation si naturelle :

.... Et quoi ! seigneur, vous changez de visage ?

La haine et la jalousie ont grand rapport entre elles;

(1) Ici se terminent les descriptions de Lebrun ; ce qui suit est le résultat de nos recherches et de nos observations.

leurs mouvemens extérieurs sont presque les mêmes, et nous n'avons rien à remarquer des uns qui ne s'applique aux autres.

Les expressions oppressives et concentrées, qui répondent à des passions de différente nature, offrent des analogies et des différences.

Leur analogie est établie par la décoloration, et le resserrement ou l'alongement des traits du visage que l'on retrouve dans toutes ces expressions.

Le resserrement des traits est bien plus marqué dans les passions haineuses et sombres, que dans la tristesse. L'alongement des mêmes traits, par le relâchement du plus grand nombre des muscles de la face et la contraction des muscles triangulaires ; cet alongement est en quelque sorte un caractère propre à la tristesse ; la décoloration ne varie pas moins que la décomposition des traits, et on ne peut guère se refuser à penser que les variations occasionées dans le réseau vasculaire, auquel nous avons attribué le siége de la couleur, ne produisent les teintes blanches, terreuses, livides, jaunâtres, qui caractérisent les différentes passions. Dans la pâleur de la crainte, tout dépend évidemment de ce que le sang n'arrive pas dans les vaisseaux capillaires de la peau; et l'expression *exsanguis* des Latins expose la nature physiologique de ce caractère. La décoloration dans la tristesse, la haine, la jalousie, dépend d'une autre cause; ce sont des altérations plus profondes, moins passagères, et liées à un dérangement dans les fonctions du cœur, de l'estomac, du foie, qui manquent rarement d'être perverties. Dans le cas de l'impression prolongée des passions humaines et chagrines, le pleurer et les sanglots sont des phénomènes physiologiques, qui appartiennent aux passions oppressives, et dont il n'est pas sans intérêt d'examiner le développement.

Le *pleurer* est ordinairement le caractère d'une douleur bien concentrée, plus expansive, et qui semble vouloir s'exhaler et s'exprimer en même temps. Cette action résulte d'une série de mouvemens qui paraissent commencer à la bouche, dont le muscle orbiculaire se contracte, et produit ce mouvement des lèvres que l'on appelle *faire la moue;* les muscles triangulaires sont aussi contractés, et forment, en abaissant les coins de la bouche, des plis aux joues très-marqués; les narines sont enflées, les muscles, les veines du front sont fort apparens, la lèvre inférieure, renversée, passe celle de devant; tout le visage se ride, se fronce, et devient rouge, sur-tout à l'endroit des sourcils, des yeux, du nez et des joues.

La glande lacrymale prend sur-tout une part bien marquée à cette expression d'une tristesse avec attendrissement et expansion. Elle reçoit alors dans un temps donné une plus grande quantité de sang; son action est sensiblement augmentée, et les larmes qui sont le produit de cette augmentation d'action, coulent abondamment sur les joues, et se répandent au-delà de leurs voies ordinaires qui se trouvent momentanément engorgées. L'écoulement extérieur des larmes n'appartient pas exclusivement à la tristesse; il a lieu aussi dans la joie, la volupté, la compassion, le dépit, la colère.

La qualité, l'abondance des larmes dépend de la nature de ces sentimens divers qui les font couler; les larmes de la joie, de l'attendrissement sont douces, et n'irritent point les parties qu'elles mouillent; les larmes du désespoir, de la rage, du dépit, sont brûlantes, et excitent dans les parties sur lesquelles elles coulent, une impression vive et quelquefois douloureuse.

L'écoulement des larmes dans l'expression des passions dont il fait un caractère, produit dans l'intérieur du nez une augmentation d'humidité, qui, jointe au produit de la sécrétion augmentée de la membrane pituitaire, modifie les sons, et leur donne le caractère qui est propre au sanglot.

La tristesse a un grand nombre de nuances et de modifications, telles que l'inquiétude, les soucis, les regrets, les chagrins, les pleurs, la langueur, l'abattement, l'affliction, la désolation; l'analyse chercherait en vain à indiquer toutes les nuances d'expression correspondantes à ces divers sentimens; et l'on peut dire seulement d'une manière générale, que le fond de la description de la tristesse par Lebrun appartient à ces différens états de la sensibilité; que dans les regrets, les yeux se portent par intervalles vers le ciel; que la couleur du visage a quelque chose de plus sombre dans l'inquiétude; de plus *terreux* dans l'accablement; de plus terne, de plus plombé dans l'affliction; de plus *étiolé* dans la langueur. Des nuances non moins délicates caractérisent le jeu musculaire qui exprime ces affections variées de l'ame ; et il y a des douleurs nobles, élevées, touchantes, sympathiques et communicatives ; d'autres qui sont repoussantes, hideuses, qui inspirent plus d'horreur que de pitié ; l'*expression* doit rendre toutes ces différences, et la physiognomonie les saisir et s'attacher à ces phénomènes déliés et fugitifs, que l'on épierait en vain, sans une sensibilité délicate et exercée à de semblables observations.

IV.

DES EXPRESSIONS EXPANSIVES.

Les deux caractères généraux que l'on retrouve dans toutes les expressions de ce genre, sont l'afflux d'un sang artériel dans le réseau des vaisseaux capillaires du visage, et l'épanouissement de la face, par la contraction des muscles qui en agrandissent transversalement les traits. Les muscles zygomatiques ont dans l'expression de ces passions un rôle non moins important que celui des muscles sourciliers dans les passions oppressives ; et il est à remarquer que ces muscles ont dans leurs fibres et leurs mouvemens une direction opposée.

La *joie* et l'*amour* sont les deux passions expansives dont les caractères peuvent le mieux servir de terme de comparaison pour toutes les autres.

Si la joie s'empare de l'ame, on remarque alors très-peu d'altération dans le visage ; le front est serein, les sourcils sans mouvement, et élevés par le milieu ; l'œil est médiocrement ouvert et riant ; la prunelle vive et brillante, les narines tant soit peu ouvertes, les coins de la bouche modérément élevés ; le teint vif, les joues et les lèvres vermeilles ; les muscles zygomatiques et les releveurs de la lèvre supérieure, en se contractant avec beaucoup de douceur, embellissent l'expression de la joie, et produisent le sourire.

Ce caractère n'appartient pas d'ailleurs exclusivement à la satisfaction; il se trouve en outre, et en subissant une foule de modifications qu'il serait difficile d'indiquer avec exactitude, dans la bienveillance, l'urbanité, l'air protecteur, le contentement de soi-même, l'orgueil, etc.

Le *sourire* est un des élémens du mépris, de la dérision, du dédain, de l'orgueil et de l'ironie.

Dans le mépris, le *sourire* est inégal, et rendu amer par cette inégalité; un des angles des lèvres, l'aile du nez correspondante, s'écartent et s'élèvent un peu; l'autre angle est légèrement dilaté et comme pour sourire; la lèvre inférieure dépasse la lèvre supérieure; l'œil est fermé du côté où l'angle de la lèvre et l'aile du nez sont relevés; l'autre œil est ouvert, des rides assez profondes sillonnent le front, et les sourcils sont froncés et abaissés du côté du nez; les deux prunelles sont abaissées, comme lorsque l'on regarde de haut en bas.

On a bien saisi cette expression dans le soldat qui présente le roseau, dans le Christ à la colonne, du Titien.

Le sourire se modifie et se combine d'une manière bien remarquable avec d'autres traits du visage dans l'ironie, sur-tout lorsque cet état de l'ame se prolonge, comme dans le rôle de Nicomède.

Voici une note que j'ai rédigée après avoir vu jouer attentivement et de très-près ce rôle de Nicomède par M. Talma.

L'expression ironique consiste dans un ton essentiellement faux et équivoque, d'où résulte nécessairement un défaut d'harmonie dans les traits du visage. Le caractère dominant consiste dans un écartement et une élévation presque simultanés de la lèvre supérieure ; les ailes du nez sont du reste presque toujours en action ; l'expression de l'ensemble du visage est variable, changeante à chaque instant, ne conservant aucun trait décidé ; quelquefois c'est un mélange d'assentiment, de bienveillance, de dédain et d'orgueil. On serait tenté dans quelques instans de croire aux signes d'approbation qui s'arrêtent tout-à-coup, qui sont aussitôt démentis par un mouvement d'élévation de la lèvre supérieure, ou par un regard de mépris.

On ne peut méconnaître toutes ces oscillations contraires, tous ces mouvemens contradictoires de l'ironie, dans le jeu admirable et continu de la physionomie de M. Talma pendant tout le développement du rôle que nous venons de citer. Tour-à-tour calme et audacieux dans tous ses mouvemens, railleur et fier, mesuré et arrogant, il cherche, il trouve à chaque instant dans le cœur de son ennemi l'endroit le plus sensible, la partie la plus irritable ; son visage et le son de sa voix marquent tous les degrés, toutes les formes de la cruelle et constante ironie et répondent par autant d'expressions particulières à ces vers, qui font ressortir tout ce que le caractère de Nicomède a de plus amèrement ironique.

NICOMÈDE *à Attale.*

La place à l'emporter coûterait bien des têtes,
Seigneur; ce conquérant garde bien ses conquêtes.
. . . .
Seigneur, je crains pour vous qu'un Romain vous écoute....
Et si Rome savait de quels feux vous brûlez,
Bien loin de vous prêter l'appui dont vous parlez,
Elle s'indignerait de voir sa créature
A l'éclat de son nom faire une telle injure,
Et vous dégraderait peut-être dès demain,
Du titre glorieux de citoyen romain.

LE MÊME *à Flaminius.*

Vous pouvez cependant faire munir ces places,
Préparer un obstacle à mes nouveaux desseins,
Disposer de bonne heure un secours de Romains;
Et si Flaminius en est le capitaine,
Nous pourrons lui trouver un lac de Trasimène.

Dans l'*orgueil* et l'*arrogance*, qui consistent dans une satisfaction causée par une conviction illusoire ou motivée de sa supériorité ou de ses avantages, il y a non-seulement expansion, épanouissement, mais véritable *bouffissure*, turgescence et augmentation de coloration; la tête est élevée, le regard fier, l'œil très-ouvert, et on remarque une grande liberté dans tous les mouvemens.

Dans l'*amour*, l'expression est souvent compliquée

de celles de plusieurs émotions qui se rattachent à cette passion.

Quand l'amour est seul, c'est-à-dire, quand il n'est accompagné d'aucune forte joie, ni désir, ni tristesse, le battement du pouls est égal, et beaucoup plus fort et plus grand que de coutume ; on sent une douce chaleur dans la poitrine ; le front est uni, les sourcils un peu élevés du côté où se trouve la prunelle ; la tête s'incline habituellement du côté de l'objet qui cause de l'amour ; les yeux peuvent être médiocrement ouverts, le blanc de l'œil fort vif et éclatant ; la prunelle doucement tournée du côté où est l'objet ; elle paraîtra un peu étincelante et élevée ; la couleur est plus vive, plus vermeille, particulièrement à l'endroit des lèvres et des joues ; la bouche doit être un peu entr'ouverte et ses angles un peu élevés ; les lèvres paraissent humides. On reconnaît une expression bien remarquable d'amour dans le tableau de Renaud et d'Armide, du Dominiquin.

Le *désir*, qui n'abandonne guère l'amour, rend les sourcils pressés et avancés sur les yeux, qui sont plus ouverts que dans l'état habituel. La prunelle enflammée se place au milieu de l'œil ; les narines s'élèvent et se serrent du côté des yeux ; la bouche s'entr'ouvre, et le teint est vif et animé.

Les mouvemens de l'espérance ne sont pas aussi marqués que ceux du désir, ils sont plus intérieurs qu'extérieurs ; on ne peut en méconnaître la touchante expression dans un saint Jérôme du Dominiquin, et dans une figure de l'Espérance, faisant partie du cadre dans lequel Raphaël a réuni les trois vertus théologales.

L'amour maternel a quelque chose de plus suave, de moins forcé dans l'expansion et la couleur, que l'amour et le désir; c'est un mélange de tendresse et de sollicitude, d'amour et de ravissement, que Raphaël a constamment saisi et rendu d'une manière admirable, dans la Sainte Famille, le sommeil de l'Enfant Jésus, et sur-tout dans la *Madonna della sedia*, dont Richardson a dit avec raison, que la tête offre le mélange le plus heureux de la grâce, de la noblesse et de l'amabilité.

La tête de la reine de Médicis, dans le beau tableau de Rubens, est remarquable par l'expression d'une joie maternelle qui se développe sur un visage où la douleur de l'enfantement a laissé une teinte de souffrance et de langueur, d'où résulte l'une des plus belles expressions composées et mixtes que la peinture ait jamais pu imiter.

Plusieurs autres passions, dont les caractères appartiennent à la classe des expressions expansives, sont si douces, si modérées, et en quelque sorte trop intellectuelles pour agir fortement sur les organes extérieurs, et s'annoncer autrement que par quelques modifications de teintes de la physionomie; telles sont la compassion, l'admiration, le ravissement.

Dans la *compassion*, les sourcils sont abaissés vers le milieu du front; la prunelle est fixement dirigée du côté de l'objet qui nous a émus; les narines un peu élevées du côté du nez font plisser les joues; la bouche s'ouvre; la lèvre supérieure s'élève et s'avance; tous les muscles et toutes les parties du visage s'inclinent et se tournent vers l'infortuné. Le personnage présent à la mort de Saphire est remarquable par une expression touchante de commisération.

L'*admiration* est simple ou compliquée d'étonnement.

Dans l'*admiration simple*, le sourcil s'eleve, l'œil s'ouvre un peu plus que dans l'état ordinaire, la prunelle placée également entre les paupières paraît fixée vers l'objet de ce sentiment; la bouche s'entr'ouvre, mais sans former de changement marqué dans les joues.

L'*admiration* avec étonnement se distingue de l'admiration simple par des mouvemens plus marqués. Les sourcils sont plus élevés, les yeux plus ouverts, la prunelle plus élevée au-dessus de la paupière inférieure et plus fixe; la bouche est en même temps plus ouverte, et toutes les parties sont en général un peu tendues.

Le *ravissement* qui consiste dans une admiration appliquée à des objets de culte et de sentimens religieux qu'exalte une imagination tendre et passionnée, a des caractères qui lui sont *propres*. La tête se penche du côté gauche; les sourcils et la prunelle s'élèvent directement; la bouche s'entr'ouvre, et les deux côtés sont aussi un peu élevés, le reste des parties demeure dans un état naturel; la tête penchée semble marquer l'abaissement d'une ame qui s'humilie.

Une des plus belles expressions connues de ravissement et d'inspiration nous est offerte par la sainte Cécile de Raphaël.

La *tranquillité*, la *sécurité* et le *courage*, que l'on a placés parmi les passions, sont des caractères que l'on ne peut rapporter qu'aux EXPRESSIONS EXPANSIVES.

La *tranquillité* s'annonce par le calme, l'harmonie

de tous les traits. Dans cette situation, l'œil est un peu ouvert, les prunelles sont à une égale distance de la paupière inférieure et de la paupière supérieure, et sans mouvement.

Dans le *courage*, il y a le même accord, la même harmonie dans les traits du visage; mais les muscles sont plus fortement contractés, et donnent à la physionomie de la fermeté et de la fixité.

L'œil est grandement ouvert, le regard assuré, les narines écartées, les lèvres et les dents rapprochées et serrées; la tête est dans une attitude ferme. Le visage d'Alexandre dans les tableaux de Lebrun, et la tête du maître d'armes de Raphaël, dans un tableau de ce grand peintre, sont des physionomies, dans lesquelles il est impossible de méconnaître une expression bien marquée de courage et de sécurité.

Les émotions de l'admiration, de l'étonnement, de la vénération, du ravissement, sont toutes intellectuelles: elles perfectionnent et embellissent plutôt les traits qu'elles ne les altèrent, et sont remarquables dans leur expression par la prédominance des signes volontaires qui s'y trouvent presque exclusivement. Les opérations de l'esprit qui s'annoncent par quelques changemens de la physionomie, agissent de la même manière, et se distinguent également par la délicatesse et le calme de leur expression; telles sont l'attention, la méditation, l'imagination et l'inspiration.

Dans l'*attention*, on baisse et on approche les sourcils du côté du nez; on tourne les yeux du côté de l'objet qui occupe ; la bouche est ouverte, la lèvre supérieure un peu élevée, la tête légèrement inclinée.

L'*attention* se modifie dans son expression d'une foule de manières, suivant que l'on regarde ou que l'on écoute ; que l'on est attentif avec des motifs de doute, d'intérêt, de croyance, de désir, d'amour, de curiosité, d'espérance.

Quand on écoute, la bouche est un peu entr'ouverte, tous les traits paraissent comme suspendus :

Conticuere omnes intentique ora tenebant.

Le tableau de l'École d'Athènes, par Raphaël, et celui de Saint Bruno prêchant la théologie, offrent des expressions vraiment classiques d'une *audition* attentive, avec tous ses degrés, toutes ses nuances, toutes ses modifications, suivant le caractère des personnes qui écoutent.

Dans l'*attention*, pour voir et observer, l'œil est fixe, bien ouvert, et le front légèrement ridé dans son milieu.

L'*imagination* et la *méditation* s'annoncent par des expressions qui appartiennent plutôt à l'étude de la physionomie en mouvement. Dans la timidité, la honte et la pudeur, les yeux sont baissés ; les joues et le front se colorent d'un vif incarnat ; et si les lèvres pâlissent, elles ne font que rendre le ton général plus vermeil.

Une jeune fille, dans la Sainte-Famille de Raphaël, et la Susanne de Santerre, sont remarquables par une expression de pudeur.

Les états extérieurs de l'organisation que nous venons de décrire, et qui constituent les caractères des passions, font partie de deux grands ordres de phénomènes physiologiques; savoir, 1° les phénomènes dépendans du mouvement musculaire; 2° les phénomènes dépendans de la circulation et de la respiration.

Les caractères des *passions* qui se rapportent au mouvement musculaire, sont tous ceux qui consistent dans l'*action* des différentes parties du visage; leurs changemens de forme et de rapports entre elles, la production instantanée d'une foule de traits divers, par les plis de la peau et la saillie des muscles qui se dessinent avec plus ou moins de force sous le tégument, suivant le degré de leur contraction.

Il est évident que tous ces phènomènes s'exécutent sous l'influence de l'action nerveuse, soit que cette action ait son point de départ au cerveau et sous l'empire de la volonté, comme dans les passions expansives, et lorsque les signes volontaires dominent dans l'expression; soit que les nerfs de la face paraissent sympathiquement et involontairement ébranlés, sans le concours d'une influence régulière et voulue de l'organe cérébral, comme dans les passions convulsives, et lorsque les signes *involontaires* dominent dans une expression (1).

(1) Il faut se rappeler ici que huit paires de nerfs se distribuent à l'œil et aux autres parties du visage. Suivant Camper, voici la part que prennent ces nerfs dans l'expression. La troisième paire (*moteurs communs*) et la huitième dans l'étonnement; la cinquième paire (*trifacial, sympathique du visage*) dans le mépris et les affections analogues, la tristesse avec pleurs

Les mouvemens des muscles du visage sont très-difficiles à décrire; mais si quelqu'un tente de le faire, dit Bernardin de Saint-Pierre, il faut nécessairement qu'il les rapporte à des affections morales. Ceux de la joie sont horizontaux, comme si dans le bonheur l'ame voulait s'étendre; ceux du chagrin sont perpendiculaires, comme si dans le malheur elle cherchait un refuge vers le ciel ou vers la terre. Il y a quelque chose de vrai dans cette remarque; le *trait* dominant dans la joie résulte de la contraction horizontale des muscles zygomatiques qui contribuent particulièrement au sourire, tandis que l'*action* des triangulaires domine dans l'expression de la tristesse, en alongeant la face par un mouvement perpendiculaire.

Du reste, si l'on voulait considérer plus particulièrement les rapports des mouvemens des muscles de la face avec la nature des affections morales, on verrait qu'il faut les rapporter à l'épanouissement, à l'expansion du visage, à son resserrement et à son alonge-

et sanglots; la *portion dure* de la septième paire (*le facial* ou huitième paire de Vicq-d'Azyr et de Chaussier) dans la joie et les affections agréables et sensiblement expansives; la quatrième paire dans l'admiration, l'amour, etc. *Voyez* Œuvres de Camper, *édit. de M. Jensen*, vol. 3.

Mekel, qui s'est spécialement occupé de l'histoire des nerfs du visage, s'attache principalement à faire remarquer, 1° les anastamoses de ces nerfs entre eux; 2° les anastamoses de ces mêmes nerfs avec ceux de toute l'organisation, par la portion dure de la septième paire communiquant avec les nerfs cervicaux et le diaphragmatique. *Voyez* Mémoires de Berlin, in-4°, volume 1, page 361.

ment, à la dissonance et au mouvement irrégulier, d'où résultent les expressions nombreuses et variées de la colère, de la haine, du mépris, de la dérision, de la fausseté, etc.

Les caractères des passions qui se rapportent à la respiration et à la circulation, appartiennent en général à la classe des signes involontaires; ce sont le soupir, les pleurs, le sanglot, le gémissement, le rire, les altérations variées de la couleur, soit par la présence du sang artériel dans les vaisseaux capillaires de la peau, soit par la présence du sang veineux dans les mêmes vaisseaux, soit enfin par des changemens très-variés dans la sécrétion de la matière colorante, qui se forme dans le corps réticulaire.

L'*éclat* de l'œil dans la plupart des passions expansives paraît dépendre d'une augmentation de sensibilité et d'activité dans cet organe, comme dans les vaisseaux capillaires de la peau.

Nous renvoyons pour plus de détail sur tous ces phénomènes à notre histoire anatomique et physiologique du visage.

Vme ÉTUDE.

DES CARICATURES, ET DES PHYSIONOMIES ALTÉRÉES ET DÉGRADÉES.

PARMI les objections qui tendent à détruire la confiance que mérite la science des physionomies, l'une des plus ordinaires et des plus fortes est tirée de l'art de dissimuler, art si commun chez les hommes, et qu'ils ont porté si loin. Je croirai avoir beaucoup fait pour ma cause, quand je serai parvenu à réfuter solidement cette objection.

Les hommes, dit-on, se donnent toutes les peines imaginables pour paraître plus sages, plus honnêtes et meilleurs qu'ils ne le sont. Ils étudient l'air et le ton de la probité ; ils en imitent le langage, et l'artifice leur réussit. Ils trompent, ils en imposent, et parviennent à dissiper jusqu'au moindre soupçon qu'on formait contre leur intégrité. Les gens les plus habiles, les plus clairvoyans, ceux même qui font une étude particulière des physionomies, ont été souvent séduits et le sont encore tous les jours par ces dehors trompeurs. Comment donc la physiognomonie pourrait-elle jamais acquérir de la certitude?

Telle est dans toute sa force l'objection à laquelle je vais répondre.

Je conviens que la dissimulation peut être poussée à un degré surprenant, et que les personnes les plus clairvoyantes peuvent se tromper grossièrement dans les jugemens qu'elles prononcent sur autrui.

Mais, quoique je ne fasse aucune difficulté d'accorder cette proposition, il me paraît que, relativement à la certitude de la physiognomonie, l'objection dont il s'agit n'est pas, à beaucoup près, aussi importante qu'on le croit communément, ou qu'on voudrait le faire croire ; et je me fonde principalement sur les deux raisons suivantes :

Premièrement, c'est qu'il y a dans l'extérieur de l'homme diverses choses qui ne sont pas susceptibles de déguisement, et que ces choses-là même sont des indices très-certains du caractère intérieur.

En second lieu, le déguisement même a des marques sensibles, quoiqu'il soit difficile de les déterminer par des mots ou par des signes.

Je dis qu'il y a dans l'extérieur de l'homme diverses choses qui ne sont pas susceptibles de déguisement, et que ces choses-là même sont des indices très-certains du caractère intérieur.

Quel est l'homme par exemple, qui puisse influer à son gré sur le système de ses os? faire paraître son front cintré lorsqu'il est plat, ou le rendre inégal et anguleux lorsqu'il est naturellement régulier?

Quel est l'homme qui pourra changer la couleur, la forme et la position de ses sourcils, grossir ou diminuer ses lèvres, arrondir son menton ou l'aiguiser en pointe, substituer un nez à la grecque au nez écrasé qu'il tient de la nature?

Qui pourra changer la couleur de ses yeux, leur ménager des nuances ou plus foncées ou plus claires, ou bien placer à fleur de tête des yeux enfoncés?

Il en faut dire autant des oreilles, de leur forme, de leur position, de la distance où elles sont du nez, de leur hauteur, de leur cavité. Il en est de même encore du crâne, et de la plus grande partie du profil, du teint, des muscles, du battement du pouls, tout autant d'indices certains du tempérament et du caractère de l'homme, comme nous le prouverons dans la suite, ou du moins comme il nous serait aisé de le prouver, et comme on l'aperçoit journellement, pour peu qu'on soit observateur.

Et comment le déguisement pourrait-il avoir lieu ici ? Toutes les parties du corps que j'ai nommées, et en général presque toutes celles qui sont extérieures, comment pourraient-elles admettre la moindre dissimulation ?

Qu'un homme sujet à la colère s'efforce à paraître flegmatique, ou bien qu'un mélancolique cherche à paraître sanguin, dépendra-t-il de lui de changer à l'instant même son sang, son teint, ses nerfs, ses muscles, et les caractères qui en sont l'expression ?

Qu'un homme violent affecte le ton le plus doux, le maintien le plus tranquille, ses yeux n'auront-ils pas toujours la même couleur, le même saillant ? ses cheveux changeront-ils de nature, et ses dents de position ?

Tel homme aura beau travailler à se donner un air capable, il ne réussira point à changer le profil de son visage (à l'exception des lèvres, qui même ne peuvent subir qu'une très-légère altération), et ne parviendra jamais à ressembler à un sage, à un grand homme. Il pourra rider ou dérider la peau de son front, mais la partie osseuse restera toujours la même. Jamais l'homme distingué, le vrai génie, ne pourra perdre, ni cacher entièrement les marques infaillibles de la pénétration dont il est doué; de même qu'il n'est pas au pouvoir de l'insensé de déguiser tous les signes de sa folie; s'il avait ce talent, il ne serait plus insensé.

On m'objectera que l'extérieur de l'homme, considéré sous d'autres faces, prête encore beaucoup au déguisement. D'accord; mais je soutiens aussi qu'il n'est nullement impossible de reconnaître ce déguisement, et je crois même qu'il n'est aucune espèce de déguisement ou de dissimulation qui n'ait des caractères certains et sensibles, quoiqu'il soit difficile de les exprimer par des mots ou par des signes.

Si ces caractères ont passé jusqu'ici pour indéterminables, ce n'est point à l'objet observé, mais uniquement au sujet qui observe qu'il faut s'en prendre.

J'avoue que pour les apercevoir il faut beaucoup de finesse et d'exercice, et un génie physiognomonique des plus subtils pour les déterminer; j'avoue même qu'on ne réussit pas toujours à les expliquer par des lignes, des mots et des signes particuliers.

Mais il n'est pas moins vrai que ces caractères en eux-mêmes sont susceptibles de détermination. Quoi, la contrainte, les efforts d'esprit, les distractions qui accompagnent toujours le déguisement, n'auraient pas des marques, sinon déterminables, du moins perceptibles!

« Un homme dissimulé veut-il masquer ses sentimens, il se passe dans son intérieur un combat entre le vrai, qu'il veut cacher, et le faux, qu'il voudrait présenter. Ce combat jette la confusion dans le mouvement des ressorts. Le cœur, dont la fonction est d'exciter les esprits, les pousse où ils doivent naturellement aller. La volonté s'y oppose; elle les bride, les tient prisonniers, elle s'efforce d'en détourner le cours et les effets, pour donner le change. Mais il s'en échappe beaucoup, et les fuyards vont porter des nouvelles certaines de ce qui se passe dans le secret du conseil. Ainsi, plus on veut cacher le vrai, plus le trouble augmente, et mieux on se découvre.» C'est ainsi que s'exprime de Pernetty, et je suis parfaitement de son opinion.

Au moment où j'écris, j'en ai sous les yeux un triste exemple, mais je ne déciderai point s'il fait preuve pour ou contre moi. Deux personnes âgées d'environ vingt-quatre ans, qui ont paru devant moi à plusieurs reprises, soutiennent avec toute l'assurance possible deux assertions entièrement contradictoires. L'une dit: Tu es père de mon enfant; l'autre: Je ne t'ai point approchée. Tous deux doivent savoir que l'une de ces dépositions est vraie, l'autre fausse; l'un des deux doit nécessairement dire la vérité, tandis que l'autre soutient un mensonge. Ainsi j'avais à-la-fois sous les yeux l'odieuse imposture et l'innocence accusée; ainsi il est clair que l'un des deux avait l'art de se déguiser prodigieusement, et il en résulte que le plus noir mensonge peut revêtir les dehors de l'innocence opprimée. Oui, il le peut, et il est affligeant qu'il le puisse, ou plutôt, non pas proprement qu'il le puisse, car c'est une prérogative de la nature humaine, libre par son essence d'être susceptible non-seulement d'une perfectibilité, mais aussi d'une corruptibilité sans bornes, et c'est là précisément ce qui met du prix aux efforts de l'homme pour s'amender et parvenir à la perfection morale. Ainsi donc il est effrayant, non pas que le vil mensonge puisse emprunter les dehors de l'innocence opprimée, mais qu'il les emprunte en effet.

Il y parvient donc; et que dit à cela le physionomiste? Le voici :

J'ai devant moi deux personnes, dont l'une n'a pas besoin de se contraindre pour paraître ce qu'elle n'est pas; l'autre fait des efforts prodigieux, et doit les déguiser avec le plus grand soin. Le coupable semble avoir plus d'assurance encore que l'innocent; mais à coup sûr la voix de l'innocence a plus d'énergie, d'éloquence, de persuasion; à coup sûr le regard de l'innocent est plus ouvert que celui de l'imposteur. Je l'ai vu ce regard avec l'attendrissement et l'indignation qu'inspirent l'innocence et le crime; ce regard qu'on ne saurait décrire, et qui disait de la manière la plus énergique : Oses-tu le nier? Je distinguais en même temps un autre regard couvert d'un nuage; j'entendais une voix rude et arrogante, mais plus faible, plus sourde, qui répondait : Oui, j'ose le nier. Dans l'attitude, sur-tout dans le mouvement des mains, dans la démarche, lorsqu'ils furent amenés et reconduits, le regard baissé de l'un, sa contenance abattue, l'approche du bout de la langue sur les lèvres, au moment où je représentais tout ce qu'il y a de solennel et de formidable dans le serment qu'on allait exiger d'eux, tandis que chez l'autre un regard ferme, ouvert, étonné, qui semblait dire : Juste ciel! et tu voudrais jurer ! lecteur, tu peux m'en croire, j'entendais, je sentais l'innocence et le crime.

Le défenseur de la veuve Gamm a raison de dire : « Cette chaleur, si l'on pouvait ainsi parler, est le pouls de l'innocence ; l'innocence a des accens inimitables, et malheur au juge qui ne sait point les entendre ! »

« Quoi, des sourcils? dit un autre écrivain français (je crois que c'est Montagne) ; quoi, des sourcils? quoi, des épaules ? Il n'est mouvement qui ne parle, et un langage intelligible sans discipline, et un langage public. »

Je ne saurais quitter ce point important sans ajouter quelques remarques. En voici une qui est générale :

Ce que nous appelons honnêteté, candeur, est la chose du monde la plus simple, et en même temps la plus inexplicable ; ce sont des mots dont le sens est à-la-fois très-étendu et très-restreint.

Je serais tenté de le nommer un dieu, l'être qui serait parfaitement honnête ; et d'appeler démon celui qui serait destitué de tout sentiment d'honneur. Mais les hommes ne sont ni des dieux, ni des démons ; ils sont hommes, et nul d'entre eux n'est parfaitement honnête ou malhonnête.

Ainsi, en parlant de fausseté et de droiture, ne prenons pas ces mots à la rigueur. Qualifions d'homme droit celui qu'aucun mauvais dessein, qu'aucun intérêt coupable ne porte au déguisement; et appelons faux celui qui s'efforce à paraître meilleur qu'il n'est en effet, dans l'intention de se procurer quelque avantage aux dépens d'autrui. Cela posé, voici ce qu'il me reste encore à dire sur la dissimulation et la candeur, considérées relativement à la physionomie.

Si jamais homme a été trompé par la dissimulation, c'est moi; si quelqu'un avait lieu de regarder l'art de dissimuler comme une objection contre la physiognomonie, ce serait moi; et cependant, plus j'ai été séduit par les dehors d'une probité feinte, plus je me crois autorisé à soutenir qu'on peut se fier à notre science. N'est-il pas naturel que l'esprit le plus faible devienne enfin attentif à force d'être trompé, et prudent à force d'attention? Je me suis vu obligé en quelque sorte à rassembler toutes mes forces pour découvrir des marques précises de la droiture et de la fausseté, ou, en d'autres termes, pour fortifier et analyser jusqu'à un certain point ce sentiment obscur que j'éprouve au premier aspect d'une personne, sentiment si naturel, si vrai, et auquel cependant mon cœur et ma raison me défendaient d'ajouter trop de confiance, mais qui ne m'a point trompé; car, toutes les fois que j'ai voulu effacer cette première impression, j'ai eu lieu de m'en repentir.

Pour démêler le fourbe, il faudrait le surprendre au moment où, se croyant seul, il est encore lui-même, et n'a pas eu le temps de faire prendre à son visage l'expression qu'il sait lui donner. Découvrir l'hypocrisie est selon moi la chose la plus difficile, et cependant la plus aisée. Difficile, tant que l'hypocrite se croit observé ; facile, dès qu'il oublie qu'on l'observe. Au contraire, il est bien plus aisé d'apercevoir et de sentir la candeur et l'honnêteté, parce qu'elles sont toujours dans un état naturel, sans avoir besoin d'aucun effort pour se contraindre et s'embellir.

Cependant il faut bien observer que la crainte et la timidité peuvent donner à la physionomie la plus honnête une apparence de malhonnêteté.

Souvent c'est parce qu'il est timide, et non point parce qu'il est faux, que celui qui vous fait un récit ou une confidence n'ose vous regarder en face. Généralement nous augurons mal d'un homme qui baisse les yeux en nous parlant, et nous sommes enclins à suspecter sa bonne foi. Au moins il annonce toujours de la faiblesse, de la timidité, de l'imperfection, une timidité qui dégénère aisément en fausseté. Avec un esprit timide on est sans cesse en danger d'être faux ; avec quelle facilité on adopte alors les idées de tous ceux qu'on fréquente ! comme on est prêt à affirmer ce que d'autres affirment, et à nier ce qu'ils nient ! La fausseté, l'infidélité de saint Pierre, étaient-elles autre chose que de la timidité ? Peu de gens ont assez d'habileté, c'est-à-dire, assez d'énergie, assez de confiance en eux-mêmes, pour concerter et pour exécuter le plan d'une perfidie, en couvrant leurs piéges du voile de la candeur et de l'amitié. Une autre classe, bien plus nombreuse, où l'on trouve, non des cœurs durs et barbares, mais des hommes estimables, bons, nobles, tendres, et d'une organisation délicate; ce sont de tels hommes précisément qui sont le plus exposés à manquer de candeur; toujours ils approchent du seuil, ou plutôt de l'abîme de la fausseté, et voilà d'où leur vient l'habitude de ne pas regarder fixement celui à qui ils parlent. Souvent ils s'abaissent à des flatteries que leur cœur dément; souvent ils se permettent des railleries qui portent sur un homme de bien, peut-être même sur un ami. Mais railler son ami! non, si quelqu'un en est capable, il ne doit plus être compté au rang des ames nobles et tendres. La raillerie et l'amitié sont aussi incompatibles que le Christ et Béliad; mais une plaisanterie sur des choses respectables, sacrées, divines, hélas! on ne parvient que trop aisément à y entraîner un cœur honnête, mais faible et timide. Incapable de résister ou de contredire, il promettra souvent à deux personnes ce qu'il ne peut accorder qu'à une; il embrassera l'opinion de toutes les deux, tandis qu'il fallait adopter l'une et rejeter l'autre. Honte, timidité, vous avez fait plus d'hypocrites que la méchanceté et l'intérêt n'en ont enfanté.

Mais revenons à notre sujet. Souvent la timidité et le défaut de candeur, la faiblesse et la fausseté, se ressemblent assez dans leur expression. Mais jamais il ne sera possible à l'homme qui a vieilli dans l'habitude de la fraude, et qui, combinant la timidité et l'orgueil, s'est rendu savant dans l'art de séduire; il lui est, dis-je, impossible d'exciter l'agréable impression que la candeur fait naître dans l'ame. Il pourra tromper, mais comment? On dira de lui qu'il est impossible de parler, de se montrer ainsi, sans être de bonne foi. Mais on ne dira point : Mon cœur entendait le langage du sien, je me trouve à mon aise avec lui, son visage atteste sa probité bien plus encore que ne font ses discours. On ne dira rien de tout cela, ou s'il arrivait qu'on tînt ce langage, ce ne serait point l'effet d'une conviction intime qui bannit jusqu'au moindre doute. Regard, sourire, c'est vous qui trahissez le secret de l'hypocrite, qui lui fermez l'entrée des cœurs, lors même qu'on ne fait pas attention à vous.

Enfin ce premier sentiment que la mauvaise foi avait excité chez nous, ce sentiment profond que nous avions d'abord rejeté, étouffé, se fera jour à travers tous les raisonnemens, au moins quand nous serons convaincus d'avoir été séduits.

Mais où donc est-elle, cette probité simple et pure, reconnue sans effort et qui se communique sans réserve? Où est-il, ce regard qui exprime la candeur, la cordialité, l'affection fraternelle, regard naturellement ouvert sans qu'il soit besoin de le forcer ou de le gêner, regard assuré qui jamais ne se détourne ou s'égare?

Heureux l'homme qui l'a trouvé! qu'il vende tout ce qu'il possède pour acheter le champ qui renferme un pareil trésor.

1

2

3

4

1. Voici le profil d'un criminel fameux, qui, dit-on, a porté l'hypocrisie au plus haut point. Il est vrai que cette copie est trop mal dessinée pour que je puisse en garantir la ressemblance ; mais, à la prendre telle que nous la voyons, n'est-il pas vrai que cet œil, d'ailleurs si admirable, si intelligent, combiné avec cette bouche et ce nez court qui a une expression de timidité, fera toujours soupçonner de la dissimulation? Je doute que quelqu'un prétende trouver sur ce visage l'empreinte de cette candeur aimable qui touche et attire les cœurs.

2. Ce regard et cette bouche entr'ouverte marquent visiblement un homme qui épie, qui est aux écoutes ; ses pensées se promènent d'objet en objet, parce qu'il tend à s'assurer d'un point et veut y parvenir, quoi qu'il en coûte. Ce long menton un peu pointu, ou du moins fort saillant, fait présumer au physionomiste un homme fin et rusé, qui abusera de sa finesse et de son savoir-faire, au lieu de les employer au profit de la société. Mais le front et le nez annoncent tant de capacité, tant de raison, un esprit si réfléchi, qu'à les considérer seuls, on ne pourrait en attendre que du bien. Ces traits sont ceux d'un honnête homme, dirait le physionomiste qui n'aurait vu ni l'œil ni la bouche. Cette physionomie est celle d'un fripon, dira au premier coup-d'œil un homme qui connaît le monde. C'est uniquement sur les levres, ou plutôt entre les lèvres que gît la dépravation. Il y a des visages que la friponnerie ne défigure point sensiblement, parce que, portée jusqu'à un certain degré, elle suppose toujours une tête forte, et n'est alors que l'abus d'une faculté estimable.

3. La paresse, l'oisiveté, l'ivrognerie, ont défiguré le visage que nous avons sous les yeux. Ce n'est pas ainsi du moins que la nature avait formé le nez. Ce regard, ces lèvres, ces rides, expriment une soif impatiente, et qu'il est impossible d'apaiser. Tout ce visage annonce un homme qui veut et ne peut pas, qui sent aussi vivement le besoin que l'impuissance de le satisfaire. Dans l'original, c'est sur-tout le regard qui doit marquer ce désir toujours contrarié et toujours renaissant, qui est en même temps la suite et l'indice de la nonchalance et de la débauche.

4. Personne assurément ne croira voir dans ce profil le calme de la sagesse, le caractère doux et modeste d'un homme à qui il n'en coûte rien d'attendre patiemment l'occasion, de peser mûrement avant que d'agir. Sans parler ici de la bouche, ce front avancé, ce nez aquilin, ce large menton dont la forme est celle d'une anse, le contour de l'œil, sur-tout celui de la paupière d'en haut, tout annonce, à ne pas s'y méprendre, un naturel vif, prompt, fougueux et présomptueux ; et ces différens signes se manifestent non par le mouvement, mais dans les parties solides, ou par l'état de repos des parties molles.

1
2

Une ame honnête et pieuse, la patience, la douceur, le support, et l'expérience qu'amènent les années, voilà ce qu'indiquent la physionomie et le maintien du père; l'insensibilité et l'insolence se peignent sur le visage et dans l'attitude du fils. Il ne manque à cet air effronté qu'un peu plus d'énergie dans le front et dans le nez; la lèvre d'en bas et le menton devraient aussi avancer davantage. La bouche est encore trop bien.

Ces deux figures offrent l'image de la volupté la plus brutale, et celle de la plus sordide avarice. Il faudrait seulement que l'œil de l'avare fût plus enfoncé et plus petit, quoiqu'il y ait nombre de petits yeux enfoncés qui n'ont rien de commun avec l'avarice, et de grands yeux à fleur de tête qui portent l'empreinte de cette passion. Le haut du front de l'avare conviendrait mieux au caractère du voluptueux, et le front de celui-ci assortirait mieux au caractère de l'avare.

1
2

C'est ainsi que l'usage immodéré du vin énerve et dégrade le visage, la figure, l'air et tout le maintien.

Jeune homme, regarde le vice, quel qu'il soit, sous sa véritable forme, c'en est assez pour le fuir à jamais.

Le nez de ce visage n'est pas celui d'un homme ordinaire; les yeux aussi ne sont pas communs, l'œil droit sur-tout, bien qu'on n'y retrouve point le caractère de grandeur qui distingue le nez. Quoi qu'il en soit, des yeux et un nez pareils semblent promettre de grands services à la religion et à l'humanité. On serait tenté d'en exiger beaucoup, car ils annoncent beaucoup; mais le reste du visage ne répond en aucune manière aux espérances qu'ils avaient fait concevoir. Ces plis au-dessus du nez, cette bouche entr'ouverte, l'irrégularité et la fatuité de la lèvre d'en bas, désignent une extrême nonchalance, une atonie du cœur, une insuffisance qui cherche à se cacher sous le voile de la friponnerie et de la ruse.

1.
2.
3.

Ce Christ, d'après Holbein, est des plus médiocres: le front présente un mélange de faiblesse et de petites passions, l'œil a une expression de volupté, le nez annonce un esprit lent et borné, et la lèvre supérieure indique de la timidité.

La manie des projets, le défaut de sagesse et une sensualité grossière, ont défiguré le second de ces visages.

Le troisième annonce le plus haut degré d'insensibilité, la cruauté la plus barbare et une brutale sensualité.

Remarquez dans ce groupe ce fils dénaturé, au visage infernal, qui insulte à sa mère suppliante : cette physionomie domine encore sur ces trois autres visages de scélérats, quoique tous trois défigurés par l'effronterie, la ruse et une méchanceté ironique. Je ne puis et ne dois rien ajouter ici. Chacun de ces visages est un sceau imprimé à cette vérité : Que rien n'enlaidit l'homme autant que le vice ; que rien ne le rend aussi hideux que la scélératesse.

1.

2.

1. Non, ce n'est point la vertu que cet horrible visage annonce. Jamais la candeur, ou une noble simplicité, ou la cordialité, n'ont pu y établir leur siége. L'avarice la plus sordide, la méchanceté la plus endurcie, la fourberie la plus odieuse, ont dérangé ces yeux, ont défiguré cette bouche. Je conviens que ce visage n'était guère propre à exprimer beaucoup de sensibilité, avant même qu'il fût aussi dégradé que nous le voyons là ; mais cette dégradation est pourtant visiblement l'effet d'une perversité tournée en habitude, et devenue incorrigible.

2. Nous pouvons enfin terminer ici ce fragment, puisque nous aurons dans la suite de fréquentes occasions de montrer des visages défigurés par les passions et le vice.

Mais il me reste à faire une observation très-importante. Il y a des passions diaboliques qui souvent ne se peignent sur la physionomie que par un seul petit trait, fort sensible à la vérité, mais presque indéfinissable ; tandis que d'autres passions, beaucoup moins nuisibles et plus excusables, ont souvent des expressions bien plus marquées et bien plus effrayantes. Une colère impétueuse dérange tout le visage, au lieu que la plus noire envie, et même la haine la plus sanguinaire n'ont pour signe qu'une légère obliquité, ou une contraction presque imperceptible des lèvres.

DÉMOCRITE.

Voici un Démocrite d'après Rubens, peint de fantaisie. Ce n'est point celui que les philosophes nous citent comme un esprit vaste et pénétrant, un génie créateur capable de tout, auteur de nouvelles inventions et perfectionnant les anciennes. Ce n'est point cet homme qui se fait crever ou brûler les yeux, pour garantir son ame des distractions causées par les objets extérieurs, et s'abandonner aux méditations les plus abstraites. Ce n'est pas non plus l'ennemi déclaré de la volupté et des plaisirs charnels.

Non, ce n'est point ce Démocrite-là dont nous voyons l'image, c'est celle de Démocrite le Rieur, qui

> Ridebat, quoties à limine moverat unum
> Protuleratque pedem.

Celui qui rit toujours et de tout, est non-seulement un insensé, mais un méchant; de même que celui qui pleure toujours et de tout, est un enfant, un imbécile, ou un hypocrite.

Le visage du rieur perpétuel doit se dégrader ainsi que son ame, et devenir enfin insupportable.

Il s'en faut bien que le visage du Démocrite que nous avons sous les yeux, fût originairement celui d'un homme ordinaire. La forme de la tête à la vérité n'a rien de grand: aussi, en lui supposant un air de grandeur, Démocrite eût approché de Socrate. Mais le ris

moqueur, si différent du divin sourire de la pitié, du sourire de la tendresse indulgente ou donnant de salutaires avis; si différent hélas! du sourire de l'humanité bienfaisante, du sourire ingénu de l'innocence et de la cordialité; ce ris moqueur tourné en habitude, doit défigurer nécessairement le plus beau visage, et à bien plus forte raison un visage singulier. Peu-à-peu tous les traits de bonté, que la nature ne refuse à aucun des visages sortis de ses mains, même aux plus disgraciés, tout comme elle n'oublie point de donner des yeux aux créatures dont la vue est la plus bornée, peu-à-peu, dis-je, ces traits se dérangent au point qu'ils n'offrent plus qu'un fatal mélange d'humanité et d'inhumanité, de joie et de malice.

La moquerie: qu'est-elle proprement, si ce n'est une joie causée par les défauts, les disputes, les disgraces du prochain? Un tel sentiment peut-il ennoblir, embellir un visage?

La moquerie resserre les yeux, et fait contracter à la peau voisine de l'œil des plis semblables à ceux que nous remarquons sur le visage de la plupart des fous; et ceux-ci ne sont-ils pas ordinairement les masques d'un Démocrite rieur? La moquerie enfle les joues et leur donne une forme globuleuse, comme on peut le voir dans le portrait de de la Mettrie; et, ce qui est plus remarquable encore, elle imprime à la bouche, à la partie la plus noble et la plus expressive du visage, tant d'irrégularité et de disproportion, qu'à peine, au moyen des plus grands efforts, pourrait-on y rétablir l'agrément et la symétrie.

Personne ne trouvera belle la bouche de notre Démocrite : on voit que sa laideur provient sur-tout d'une humeur moqueuse, et qu'elle serait laide encore, fût-elle moins ouverte? Je doute qu'il y ait au monde un visage, soit beau, soit laid, que la moquerie n'enlaidisse sensiblement (1).

On peut appliquer à tous les moqueurs en général ce que dit Lessing du portrait de de la Mettrie dans son Laocoon : « De la Mettrie, qui se fit peindre et graver en Démocrite, ne semble rire que lorsqu'on le regarde pour la première fois. Observez-le plus long-temps, et au lieu du philosophe, vous ne trouverez plus qu'un niais; il ne rit pas, mais il ricane. »

Je finis par une autre remarque du même auteur :

« Certaines passions, et certains degrés de passions se manifestent sur le visage par les traits les plus hideux; et les positions forcées qu'elles font prendre au corps, effacent totalement les belles lignes qui le décrivent dans son état naturel. A quoi j'ajouterai encore, que ces lignes resteront effacées à jamais, si le cœur s'est déjà trop engagé dans cette passion vicieuse. »

L'irrégularité de la bouche qu'on a sous les yeux, planche 233, est l'effet du mépris moqueur de l'envie.

(1) J'ai tiré la silhouette d'un visage moqueur; mais à peine l'eus-je fait voir à l'original, qu'il me demanda une seconde séance; il fut d'abord frappé des contours disgracieux qui défiguraient la bouche, et tâcha de lui faire prendre une autre forme.

d
c
b
a
c
f
g

1
2
3

1. Ce n'est point par comparaison que ces visages produisent des effets divers sur tous ceux qui les regardent, soit homme, soit enfant; l'impression qu'ils causent est subite et précède tout raisonnement. Il n'est personne à qui ces visages puissent plaire également, personne qui crût pouvoir les désigner par une épithète également applicable à tous. Chacun, au premier coup-d'œil, trouvera celui du milieu *a b* bien plus agréable que 2, qui est à sa droite; tout le monde s'accordera sans doute à donner à *c* la préférence sur *d*; et, sans faire aucune comparaison avec d'autres visages connus, on sera sûr qu'il ne faut pas chercher dans *e*, *f*, *g*, le même degré de bon sens, de prudence et de sagesse. S'il fallait absolument se décider pour l'un des trois, un sentiment naturel, subit et vrai, qui précède de bien loin le raisonnement, fixerait notre choix sur *f*.

1, 2 et 3. Ici encore, ce n'est point une comparaison avec telle physionomie qu'on a vue précédemment, mais c'est un sentiment primitif, subit, général et très-fondé, qui détourne tout homme qui a les yeux et le jugement sains, d'accorder sa confiance et son amitié à des visages semblables à ceux-ci. Ils ne plairont à personne, depuis le connaisseur le plus habile et le plus exercé jusqu'à l'enfant à la mamelle. Quant aux noms qui leur conviennent, il faut sans doute pour les appliquer, avoir étudié et comparé les hommes; mais leur caractère obstiné, avare, faux et dur, suffit indépendamment des noms, pour rebuter tout à-la-fois et l'homme le plus sensible, et l'homme le plus indifférent.

Ces portraits de Knipperdolling, n° 1, fanatique furieux et sanguinaire, et de Storzenbecher, n° 2, fameux corsaire, annoncent, aussitôt qu'on les voit, des caractères durs, féroces, énergiques, incapables de toute affection douce. A leur approche on croit se sentir transporté dans une atmosphère épaisse où l'on respire avec peine. Jamais nous ne serons portés à nous fier à de tels visages pour l'amour des visages eux-mêmes, quand nous n'en eussions jamais vu auparavant qui leur ressemblassent.

Rien chez eux ne nous invite à leur communiquer nos besoins, rien ne nous en fait attendre des consolations, des secours, ou seulement de l'intérêt à ce qui nous concerne. Tout, jusqu'à la barbe, porte un caractère de dureté et d'inflexibilité. J'oserais presque dire que la bonté n'a jamais imprimé sur ces visages la plus légère trace, et la scélératesse y est si frappante, qu'on ne saurait les voir sans éprouver un sentiment de haine ou d'effroi.

J'observerai en passant que l'œil gauche du n° 1 exprime beaucoup de sensualité; le nez, de l'habileté et une fierté insolente; la bouche, du mépris et une assurance fondée sur le sentiment de sa propre force. Dans la bouche dessinée à côté de la tête 1, du dédain, mais sans aucune expression d'énergie, et dans la bouche de la figure 2, un mélange de mépris, de légèreté et d'indolence. La bouche du n° 2 porte l'empreinte de la méchanceté et de la fourberie, et la troisième celle de la cruauté.

1.

1.

2

3.

QUAND la faiblesse, l'innocence et la bonté, se trouvent réunies comme dans le profil ci-joint, quand la modestie et l'humilité courbent ainsi la tête, quel cœur ne se sent ému et attiré? En faut-il davantage pour lui faire goûter le plus noble plaisir dont il est susceptible, celui d'éprouver et de communiquer des affections douces?

A peine y aurait-il quelqu'un qui, à la première vue de l'original de ce portrait, et avant qu'il eût dit un seul mot, ne se sentît gêné, ou importuné en quelque sorte par sa seule présence. Ce visage ne saurait nous plaire au premier coup-d'œil, et même il n'y parviendra pas lorsqu'après des observations réitérées, nous aurons découvert que, malgré la rudesse de l'ensemble, l'œil et le front pourraient annoncer de l'esprit et du savoir-faire.

QUAND personne ne nous aurait dit que ce portrait est celui de Judas Iscariote, d'après Holbein, quand nous n'aurions jamais vu aucun visage qui lui ressemblât, un premier sentiment nous avertirait d'abord qu'on n'en peut attendre ni générosité, ni tendresse, ni noblesse d'ame. Le Juif sordide nous choquerait lors même que nous ne pourrions ni le comparer, ni lui donner un nom. Ce sont là autant d'oracles du sentiment.

Quelque grossière et peu finie que soit cette bouche, et quoique l'observateur exact puisse être choqué de l'intervalle qui la sépare du nez, qu'on la compare avec celle de la planche 233, page 292, et qu'on juge, ou plutôt qu'on ne juge pas, qu'on s'abandonne seulement au sentiment naturel. Une sagesse douce, un esprit paisible, une bonté réfléchie, voilà ce qu'un œil attentif distingue aussitôt dans celle-ci; oui, pour peu qu'on se laisse guider par le sentiment, on se hâtera de quitter la première pour s'arrêter de préférence à la seconde.

1

2

3

1 et 2. De même qu'il est un langage de la nature intelligible à tous les êtres sensibles ; de même qu'un enfant est affecté par les pleurs d'un autre enfant, de même aussi nous sommes pénétrés à la vue de ce couple, du sentiment de son honnêteté. Ici ce n'est point la beauté qui nous séduit par ses charmes ; mais la bonhomie, la bonne humeur et l'envie d'obliger, sont parlantes sur ces physionomies, et leur langage se fait entendre immédiatement à nos ames.

Il suffit aussi de jeter un coup-d'œil sur le visage de cette jeune personne, n° 3, dont le dessin est cependant un peu manqué, pour qu'un sentiment intérieur nous avertisse qu'il n'y a nulle raison de s'en défier.

Qu'on me pardonne cette suite de contrastes que je présente à mes lecteurs. C'est ainsi seulement qu'on peut et qu'on doit parvenir à se convaincre que le sentiment physiognomonique est la première base de la science des physionomies, qu'il est antérieur à toute expérience, à toute comparaison et à tout raisonnement. Ici encore serait-il nécessaire de les consulter. Un sentiment immédiat ne décide-t-il pas du caractère qu'expriment ces visages si prodigieusement différens ? La bonté qui se remarque sur les uns ne doit-elle pas nous plaire, autant que l'atrocité peinte sur les autres doit nous révolter ?

1
2
3
4
5

2
3
4

Que ces deux premières copies soient authentiques, ou (comme j'en suis certain) qu'elles ne le soient pas, peu importe. A les prendre telles qu'elles sont, abstraction faite cependant de ces ridicules cornes, pourrait-on y méconnaître une expression de rudesse, d'opiniâtreté et de férocité? La première tête n'annonce-t-elle pas, depuis la pointe du nez jusqu'au-dessous de la lèvre inférieure, un défaut d'intelligence, et la deuxième, dans les mêmes parties, une rudesse qui les rapproche de la brute? Ces deux caractères ne sont-ils pas suffisamment déterminés par les seuls contours? On s'accordera généralement à trouver dans le contour de l'œil n° 1, plus de naturel, d'humanité et de noblesse que dans celui de l'œil n° 2, qui ne tient proprement ni de l'homme ni de la brute.

Quoique les deux derniers profils soient moins révoltans que ceux qui précèdent, on ne saurait cependant se réconcilier avec ces visages. Mais, après un examen attentif, nous préférerons de beaucoup le 3; et, si on en couvre la bouche et le haut du front, on trouvera même dans les autres traits un caractère de grandeur et de majesté. J'observerai cependant que l'œil est trop alongé. Quant aux deux bouches, elles n'expriment que brutalité et méchanceté.

Stupidité et faiblesse d'esprit.

D'après les estampes qui se trouvent à la suite de cet article, et d'après de nombreuses observations fondées sur l'expérience, voici, je crois, les traits positifs qui annoncent la faiblesse de l'esprit, et les différens degrés de la stupidité et de la folie.

a. Les fronts qui paraissent presque entièrement perpendiculaires.

b. La longueur excessive du front.

c. Les fronts qui avancent plus ou moins par le haut.

d. Ceux qui reculent brusquement du haut, et qui rejaillissent ensuite près des sourcils.

e. Les nez qui se courbent fortement au-dessous de la moitié du profil.

f. Une distance choquante entre le nez et la bouche.

g. Une lèvre inférieure lâche et pendante.

h. Le relâchement et la plissure des chairs du menton et des mâchoires.

i. De très-petits yeux dont on aperçoit à peine le blanc, sur-tout quand ils sont accompagnés d'un grand nez, que tout le bas du visage est massif, et qu'ils sont entourés de petites rides profondément sillonnées.

k. Les têtes recourbées en arrière qui sont défigurées par un double goître, et particulièrement lorsque l'un se retire du côté de la joue.

l. Un sourire oblique et grimacé qu'on n'est pas le maître de supprimer, et qui est dégénéré en habitude, peut être envisagé hardiment comme indice, ou d'un esprit de travers, ou d'une folie décidée, ou tout au moins d'une sotte malignité.

m. Les formes trop arrondies et trop unies donnent au visage un air de bêtise; et dans ces sortes d'occasions, l'air annonce presque toujours la chose.

n. Les nez émoussés, dont les narines sont ou trop étroites, ou trop larges, et les nez trop longs qui sont en disproportion avec le reste du visage, supposent d'ordinaire l'abattement de l'esprit.

Les contorsions involontaires et les mouvemens convulsifs de la bouche, la vibration des chairs, leur trop de roideur ou de mollesse, l'aplatissement et l'arrondissement des contours, les traits trop peu ou trop fortement prononcés, trop de tension, ou de relaxation, un mélange bizarre de délicatesse et de grossièreté, en un mot, les disproportions de toute espèce, sont autant d'imperfections et de signes d'imperfection: elle sont à-la-fois signe et signification. Ceci n'est pas un jeu de mots; car à moins de nous faire illusion à nous-mêmes, nous sommes obligés de convenir que tout ce qui est de fait dans l'homme, se manifeste par des signes, et que le moindre de ces signes répond à un fait. Chaque membre, chaque particule, chaque muscle, chaque trait et chaque nuance, sont des effets de l'ensemble, la fin d'une même origine, le résultat d'une même cause.

J'ajoute une remarque détachée. Un homme tombé en démence, et qui auparavant a eu l'usage de sa raison, porte ordinairement le caractère de la folie dans les traits de la bouche et dans le bas du visage.

Caricatures d'après Hogarth.

J'avais commenté autrefois cette planche 250, tête par tête, et je me proposais de placer ici le résultat des réflexions que j'avais faites ; mais je crains que ces détails ne soient trop prolixes et trop fatigans. Je me bornerai donc à quelques observations générales.

1° La plupart des caricatures sortent de la nature et de la possibilité des choses. Elles ont été jetées sur le papier, sans choix, sans jugement et sans but. Il ne fallait ni art ni science, ni délicatesse morale, pour les crayonner. Un seul profil naturel, vrai, noble et beau, est plus difficile à dessiner que dix mille bizarreries de cette espèce.

2° Rendons graces à Dieu de ce que parmi des millions d'hommes il s'en trouve à peine un seul qui ressemble à ces tristes caricatures, et ne mettons pas notre gloire à ravaler au-dessous du vrai, des physionomies qui ne sont, hélas ! que trop dégradées.

3° Distinguons soigneusement entre les difformités de la nature et celles qui sont le jeu d'une imagination désordonnée. Tous les hommes en général, je n'en excepte pas un seul, ne sont que des caricatures aux yeux d'un être plus élevé, plus pur et plus sage qu'eux; mais l'égoïsme, la source, et je dirai presque l'ame de tous les vices, peut aisément changer en caricature le visage le plus sublime.

4° Détachons maintenant de la planche ci-jointe quelques traits distinctifs qu'on peut adopter comme

Caricatures d'aprés Hogarth.

Pl. 250.

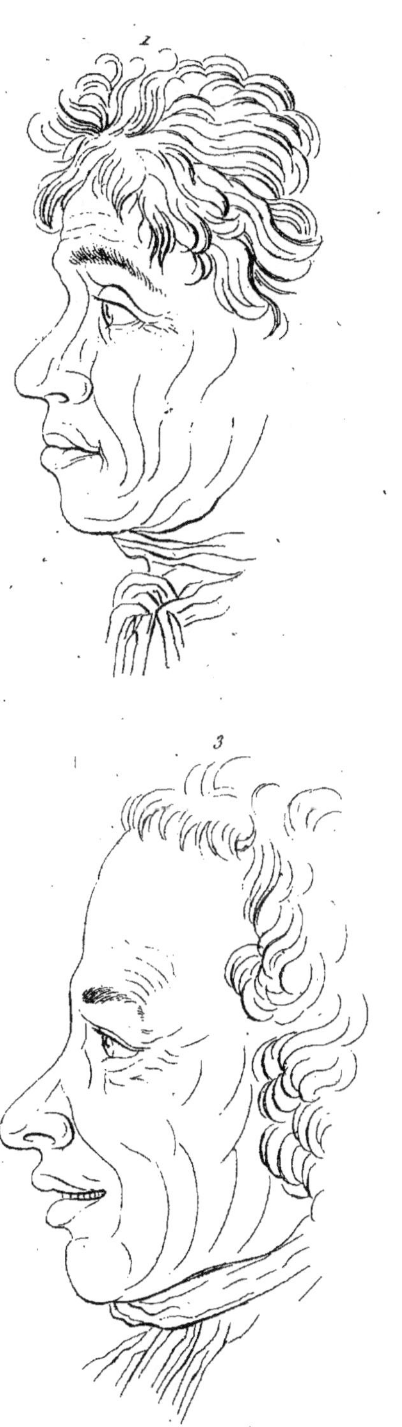
1
3

2
4

signes certains de stupidité et de dérangement. Tels sont:

α Les fronts trop penchés en arrière, ou dont la voûte est trop sphérique, *b*, *c*, *f*, *i*, *r*, 33, 48, 55, 72.

β Les nez trop enfoncés qui ne débordent pas assez le reste du visage, *f*, *g*, *s*, 16, 53, 54, 55.

γ Et de même aussi les nez qui débordent trop, 24, 50. De plus, les nez trop plats, trop échancrés, ou trop concaves, 49, 59, 60, 72.

δ Les grandes bouches ouvertes ou proéminentes, et les lèvres dont les coins remontent trop, 24, 40, 41, 79.

ε Les mentons qui forment l'anse, ou qui reculent excessivement, 5, 10, 29, 31, 37.

1. Le front avancé, les sourcils, cet œil qui semble fixer quelque chose et qui cependant ne porte sur rien, ce nez si peu mâle, et la bouche depuis le bord de la lèvre inférieure jusqu'au pli qui la termine, tout indique une stupidité naturelle et primitive dont on ne saurait chercher la cause dans le contour des accidens.

2. Les dispositions du 2 sont peut-être moins stupides; mais le rapport entre le front et le nez, entre la voûte du nez et l'ouverture de la bouche, la proportion et la position du cou mis en parallèle avec le menton, la distance du coin arrondi de la bouche aux ailes relevées du nez, enfin la petitesse et l'insipidité de l'œil, sont autant de signes d'un esprit faible, si l'on veut, bonasse et sans malice, mais incapable de culture.

3. Un physionomiste habile se défiera déjà du contour du front et du nez, mais l'observateur le moins exercé apercevra du relâchement et une sotte indifférence dans cette bouche béante, dans l'arrondissement de la lèvre inférieure combinée avec la forme ovale du menton, dans les quatre plis de la joue, dans l'échancrure de la mâchoire, et dans les petites rides qui environnent l'œil.

4. La proéminence et la plissure du front, la petitesse de l'œil, les rides qui aboutissent aux paupières et la bouche entr'ouverte, concourent ici à démontrer une faiblesse d'esprit innée et sans remède.

1
2
3
4

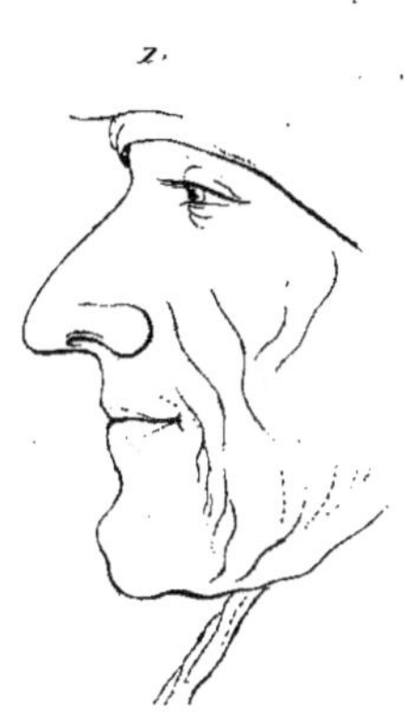
1.

2

3

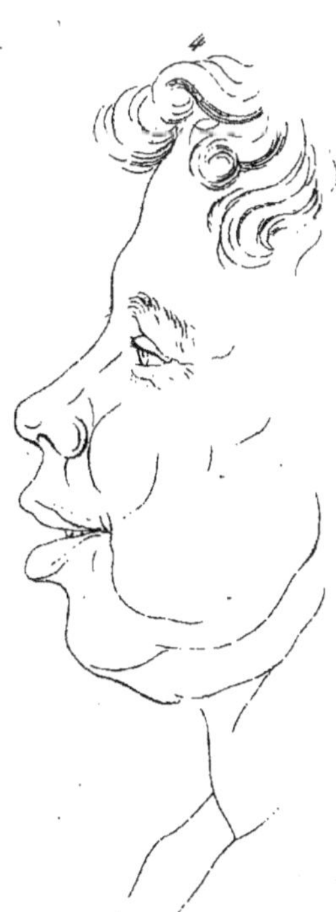
4

Dans ces quatre profils-ci, la stupidité naturelle est derechef évidente. La rudesse de l'ensemble, la multiplicité des rides, la tension des muscles, un air hagard ou indolent, nous disent assez à qui nous avons affaire. Dans le n° 1, la seule lèvre d'en bas ; dans le n° 2, le front rétréci et le menton ; dans le n° 3, la grossièreté, et je dirais presque la superfluité du front, les rides qni sillonnent les chairs et le rire grimacé ; dans le n° 4, enfin, le front penché en avant, l'œil effaré, l'espace qui est entre le nez et la lèvre supérieure, et plus encore le menton pendant et reculé, suffisent pour caractériser un naturel que rien ne pourra former ni façonner.

1. La petitesse de l'œil comparée à la forme du nez, et sur-tout la grandeur disproportionnée du menton et son contour bosselé, décèlent, je ne dis pas une stupidité brutale, mais une extrême faiblesse d'esprit.

2. Les trois arcades qui entrecoupent le front, ses courbures et ses plis, et en outre cet œil farouche et cette petite narine, annoncent également une incapacité décidée.

3 et 4 ne sont qu'une seule et même tête. La disproportion révoltante entre la petitesse de l'œil et l'énormité de la bouche, suffit pour nous convaincre de toute sa stupidité. Le bas du profil 3 en particulier est si massif, si grossier, si sensuel, il implique une si terrible force d'inertie, qu'il ne souffre pas même la comparaison avec les n°s 1 et 2.

Un front qui avance en perpendiculaire comme aux n°s 1 et 5; une bouche béante ainsi qu'aux n°s 2 et 4 ; un petit œil et une peau surchargée de rides comme au n° 3, supposent infailliblement la faiblesse, le relâchement, la stupidité de l'esprit. Ces imperfections s'aperçoivent aisément dans tous ces mentons, dans le cou des n°s 1, 2 et 3, et dans la lèvre inférieure du 5. Le nez du n° 1, considéré séparément, semblerait exclure la bêtise ; et si le front était un peu tendu, un peu plus reculé, il serait assez analogue au caractère du nez. En général ce premier visage est le plus favorisé des cinq, et le dernier en est le plus disgracié.

1. C'est le portrait d'une vieille fille de soixante-sept ans, tourmentée depuis long-temps par des maladies rhumatismales. Si je ne me trompe, et si j'ose m'en rapporter au bas du menton et du nez, elle ne manquait pas de dispositions naturelles ; mais le regard et l'abondance des rides laissent entrevoir une vieillesse enfantine.

2 paraît être une imbécile-née, grande parleuse, d'une humeur gaie et d'un bon caractère. Comparez les bouches 2 et 3; la gaieté affaisse le centre de la ligne qui sépare les lèvres, et en fait remonter les coins ; la tristesse au contraire relève le milieu de la bouche, en rabaissant les extrémités.

3. Mélancolie profonde, concentrée et incurable. Elle se manifeste par la courbure irrégulière des sourcils, par ce regard fixe, par ces petites narines, et par cette bouche fermée.

4. La physionomie de cette vieille n'a rien de stupide dans l'ensemble. Le bas du visage est même au-dessus du commun. Les seuls traits qui pourraient faire naître le soupçon d'une faiblesse d'esprit, seraient cet œil plus ou moins effaré, ce pli si caractéristique, selon moi, qui va du nez à la bouche, et cette autre ride qui descend depuis le coin des lèvres jusqu'à la moitié du menton.

1

2

3

4.

1
2
3
4
5
6

Démence et Stupidité.

1, 2. Il n'est pas jusqu'à la coiffure qui ne trahisse la sottise. Chez un idiot tout se fait et se met de travers. On reconnaît dans tous ses traits et dans toutes ses manières le désordre et le dérangement. L'œil et le nez du profil 2 conservent un reste de génie, mais dans l'un et l'autre visages, les parties ombrées, depuis le front jusqu'au bas du menton, caractérisent une stupidité irréparable.

3. La folie de cette personne n'a rien de méchant, quoiqu'elle semble se repaître d'idées fantasques et malignes. J'aurais de la peine à indiquer dans sa physionomie les traits distinctifs de la démence, si j'excepte la courbure non interrompue du nez.

4. Le front et le nez n'ont rien de particulier dans les formes, mais ils pèchent par le rapport, sur-tout quand on les compare avec la lèvre d'en haut. D'ailleurs la disposition entre ce petit menton et cette grande bouche, et puis les rides presque parallèles qui entourent cet œil absolument dénué d'intelligence, dénotent un fou content de lui-même, et qui n'est pas seulement en état d'affecter les dehors d'un véritable intérêt.

5. C'est un paralytique tombé en démence. La bouche

et le menton portent l'empreinte d'une atonie décidée.

Je ne connais rien de plus stupide que cet homme, si ce n'est celui qui attendrait de sa part des idées sages, raisonnables et réfléchies. Remarquez entre autres la forme de l'oreille.

NOTES.

(A) *Page* 200. Caractères des facultés intellectuelles.

L'attitude du corps, le mouvement et la situation des différentes parties de la physionomie pendant certaines opérations de l'esprit, ne doivent pas être confondus avec les caractères des passions par le physiologiste et le philosophe. Dans ces différentes circonstances, les changemens du visage qui servent à l'expression n'y contribuent que d'une manière indirecte, et n'ont point pour objet de faire paraître à l'extérieur ce dont l'ame est occupée. Ainsi, les caractères de l'attention, les états de la physionomie qui annoncent l'invention poétique, l'extase, l'imagination, ne peuvent, en aucune manière, être comparés aux caractères de la colère, du désir, de la tristesse. En général, dans l'expression des passions, ou la physionomie est en mouvement d'une manière volontaire, ou une partie des changemens qui tiennent aux phénomènes intérieurs du sentiment arrive jusqu'au visage, et s'y montre avec plus ou moins de force. Rien de semblable n'a lieu dans l'expression des opérations de l'esprit : toutes les parties du visage sont calmes ; les forces de la vie, loin de se répandre au dehors, se concentrent dans l'organe de la pensée, et laissent tout l'extérieur de l'organisation dans un état d'oubli et d'abandon qui forme le caractère principal du recueillement, de l'attention, de la méditation, etc.

Le visage ne paraît plus animé pendant l'exercice de l'imagination, que parce que différentes émotions se joignent à cet exercice, et en compliquent l'expression.

(B) *Ibid.* Notre imagination opère sur notre physionomie.

Lavater, dans cet article sur l'influence de l'imagination considérée relativement à la physionomie, touche, sans s'en douter, à une des questions les plus importantes et les plus difficiles de la physiologie transcendante et de la médecine philosophique

Ce qu'il attribue dans ce passage à l'imagination dépend de la tendance involontaire et active vers l'*imitation*, à laquelle tous les hommes obéissent plus ou moins, suivant la sensibilité, la mobilité de leur organisation.

Ce penchant à l'imitation, dont l'analyse n'a pas encore su démêler les résultats et l'influence dans l'ensemble de notre existence morale et des habitudes de l'esprit, ce penchant acquiert quelquefois une force, une prédominance, qui le font dégénérer en un état morbifique.

Kaw Boerhaave a décrit l'état extraordinaire d'un vieillard qui était dans ce cas, et dont la tendance à l'imitation était si forte, qu'il marchait s'il voyait marcher; portait les bras à sa tête, sur sa poitrine, derrière son dos, à la vue de mouvemens semblables; remuait les lèvres, les yeux, si devant lui on remuait les mêmes parties. Lorsque l'on s'opposait de vive force à toutes ces gesticulations involontaires, ce vieillard éprouvait des douleurs vives, et un état de malaise et d'angoisse qu'il disait être insupportable.

La mobilité nerveuse, portée au plus haut degré, était évidemment la cause d'une tendance aussi marquée à l'imitation. En général, plus l'organisation est délicate et vibratile, sans être cependant dans une condition de maladie, et plus elle se rapproche de cette tendance à l'imitation; et en général les êtres délicats et faibles, tels que les femmes, ont plus de cette tendance, et n'ont pas des opinions, des formes, des attitudes aussi indépendantes du milieu dans lequel ils vivent.

La tendance à l'imitation et les phénomènes qui dépendent de son développement, commencent par l'action directe et immédiate des objets extérieurs sur nos organes. C'est ainsi que les enfans apprennent à parler, à écrire; que leurs organes s'émeuvent, entrent en action; que plusieurs de leurs traits se forment et se décident; qu'ils pleurent, se fâchent, se réjouissent, s'affligent, et que s'ouvre en quelque sorte le cercle d'un grand nombre de passions et d'émotions. L'organe intellectuel et l'organe musculaire prennent de cette manière, et plutôt par imitation que par une détermination directe de la volonté, un grand nombre d'habitudes qui en forment en partie l'éducation. Plus tard, et lorsque ces deux appareils d'organes sont bien disposés, bien éduqués, la tendance à l'imitation s'exerce sans le concours des objets qui agissent sur les sens; et, à son insu, presque involontairement, on se rapproche par les airs de tête, les attitudes, les mouvemens, les déterminations, la physionomie et l'expression morale, des modèles et des types dont l'esprit ou le cœur s'occupe fortement, et que l'imagination embellit de tant de charmes.

L'imagination, dans ce cas, favorise la tendance à l'imitation, mais n'exerce pas immédiatement, comme le pense LAVATER, son influence sur la physionomie.

(C) *Page* 221. Les recherches de Haller, celles de Watelet et de quelques autres écrivains plus ou moins recommandables.

Parmi ces écrivains nous croyons devoir citer avec éloge et reconnaissance M. Cabuchet, qui a publié une excellente dissertation inaugurale sous ce titre : *Essai sur l'expression de la face dans l'état de santé et de maladie.*

La partie de cette dissertation consacrée aux caractères des passions a droit aux éloges des artistes et des amateurs éclairés des beaux-arts; l'auteur a placé au milieu des descriptions qu'il a empruntées de Lebrun, des considérations physiologiques et des indications des meilleurs modèles d'expression dans les plus beaux tableaux des grands peintres, qui ajoutent beaucoup d'intérêt à la partie positive et fondamentale de ce travail. *Voyez* cette dissertation, depuis la page 36 jusqu'à la page 50.

École de Médecine de Paris, 19 mai 1807.

FIN DU TOME CINQUIÈME.

TABLE DES MATIÈRES,

PLANCHES ET VIGNETTES,

CONTENUES DANS CE CINQUIÈME VOLUME,

AVEC LEUR EXPLICATION.

Nota. Tous les articles non désignés comme étant des Éditeurs, sont de Lavater.

Tous ceux signés des lettres initiales (J. P. M.), sont de M. le docteur Maygrier.

SUITE

DES ÉTUDES DE LA PHYSIONOMIE.

IIIme ÉTUDE.

DE L'ART DE VOIR ET D'OBSERVER LES PHYSIONOMIES.

IVme ÉTUDE.

DES CARACTÈRES DES PASSIONS.

FIN DE LA TABLE.

www.ingramcontent.com/pod-product-compliance
Lightning Source LLC
LaVergne TN
LVHW010127230826
846091LV00001BA/165

* 9 7 8 2 0 1 3 0 6 2 5 3 4 *